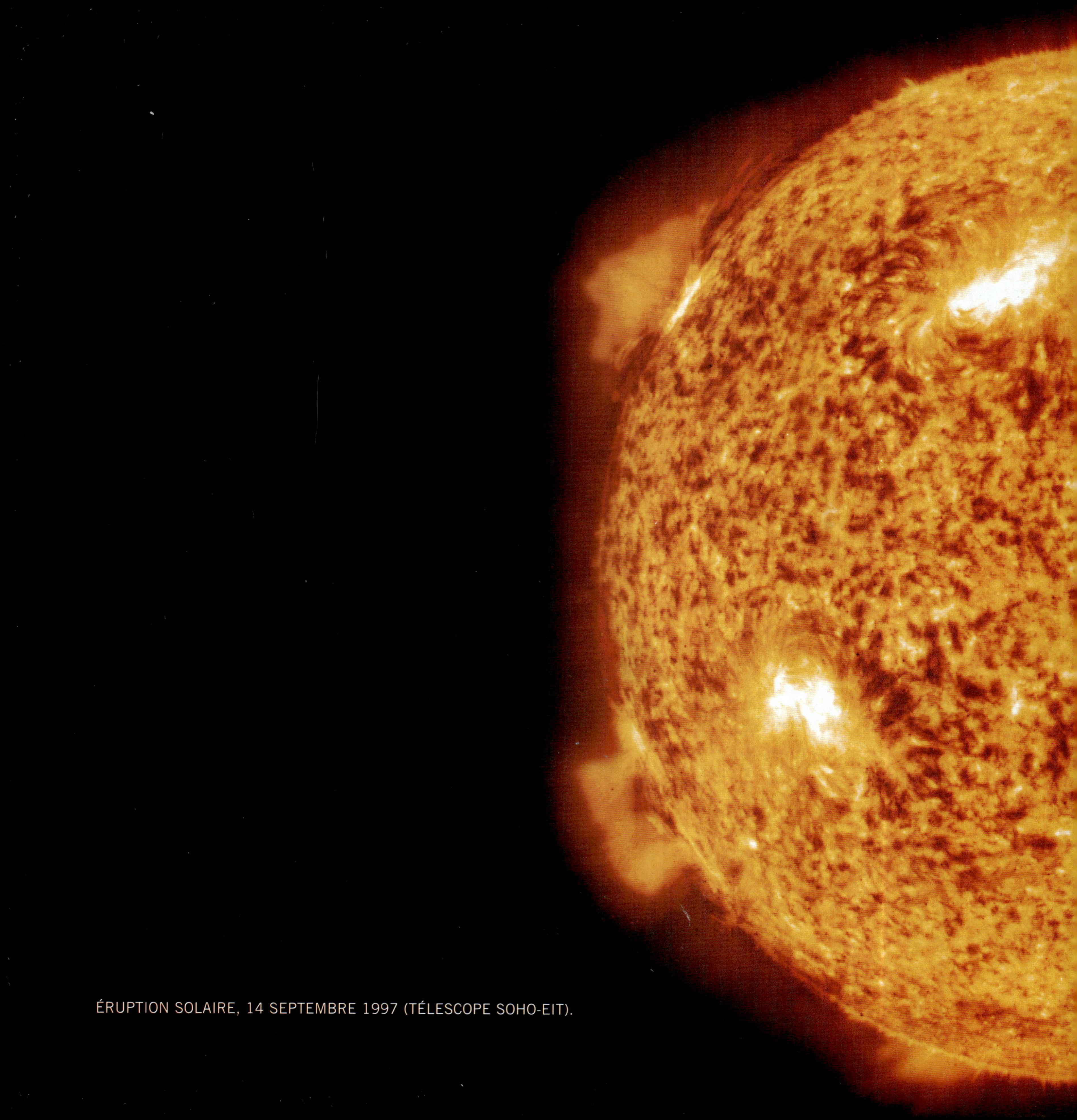

ÉRUPTION SOLAIRE, 14 SEPTEMBRE 1997 (TÉLESCOPE SOHO-EIT).

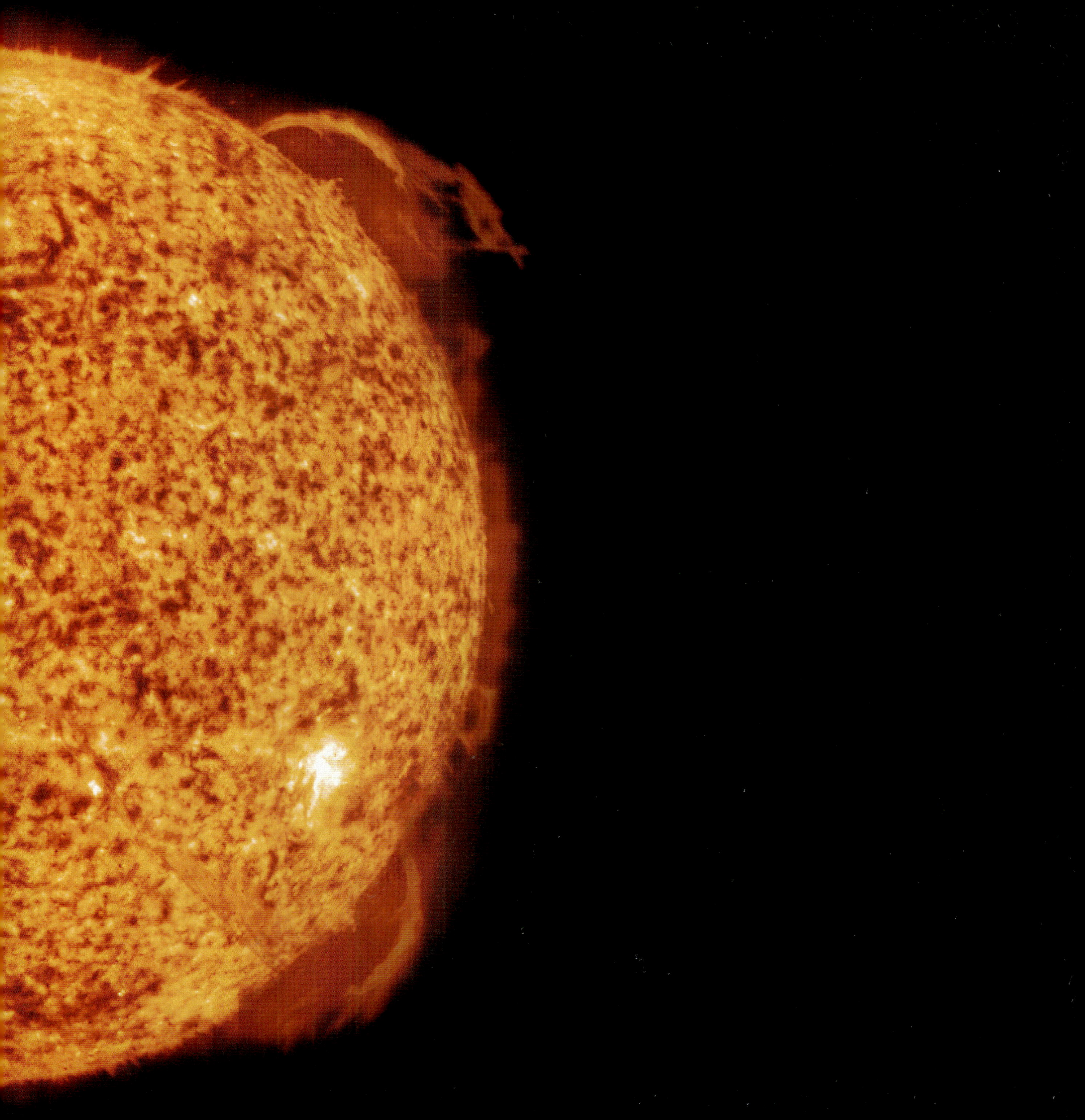

OMBRE ET LUMIÈRE DANS LA NÉBULEUSE DE CARINA, AVRIL 1999
(MONTAGE DE QUATRE POINTS DE VUE DU TÉLESCOPE SPATIAL HUBBLE).

NÉBULEUSE GÉANTE NGC 2346. L'ÉTOILE CENTRALE EST EN FAIT CONSTITUÉE
DE DEUX ÉTOILES TRÈS PROCHES TOURNANT EN ORBITE L'UNE DE L'AUTRE (TÉLESCOPE SPATIAL HUBBLE).

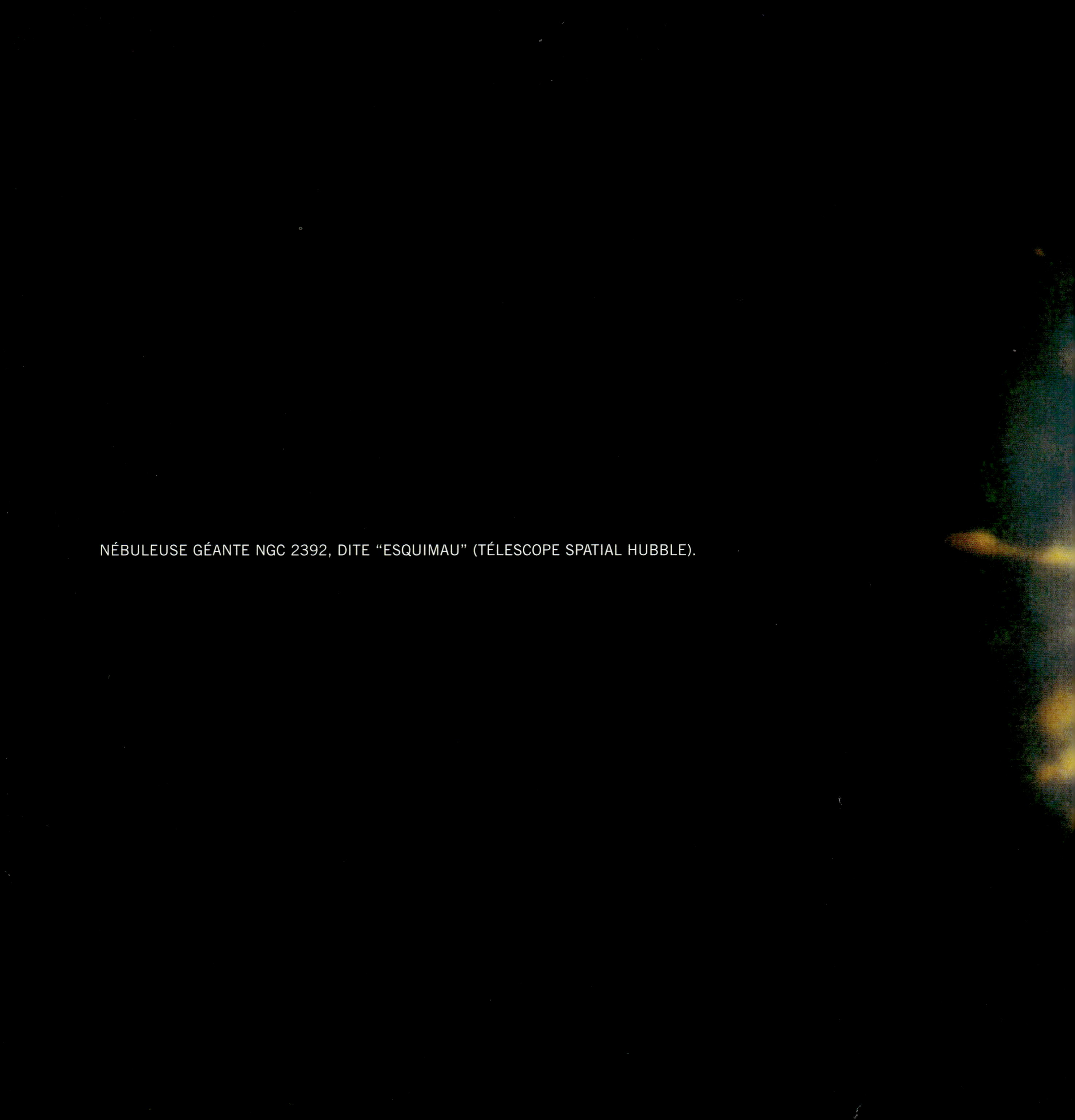

NÉBULEUSE GÉANTE NGC 2392, DITE “ESQUIMAU” (TÉLESCOPE SPATIAL HUBBLE).

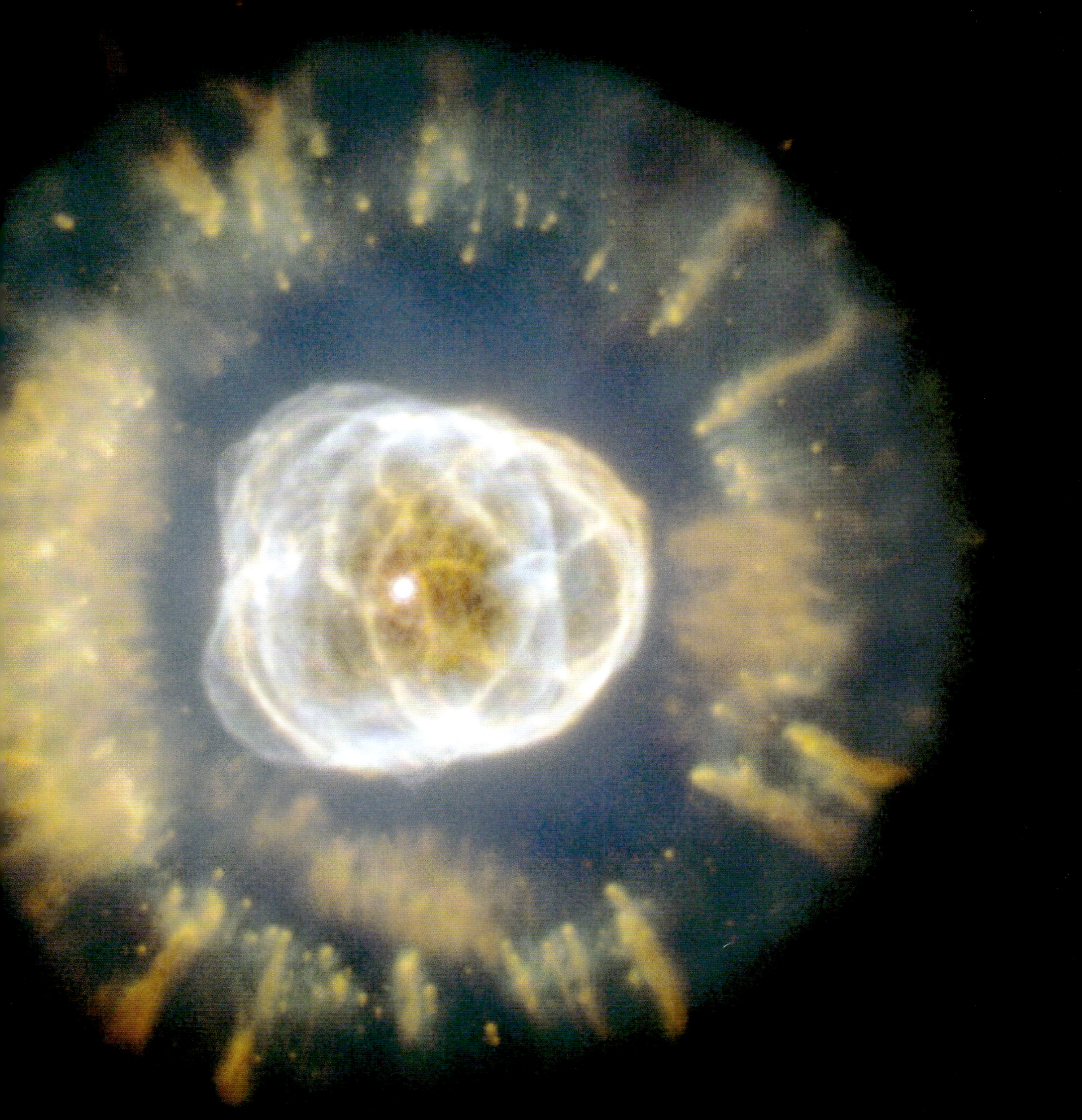

NAISSANCE D'UNE ÉTOILE DANS LA NÉBULEUSE D'ORION, 1994
(MOSAÏQUE DE QUARANTE-CINQ CLICHÉS RÉALISÉS PAR LE TÉLESCOPE SPATIAL HUBBLE).

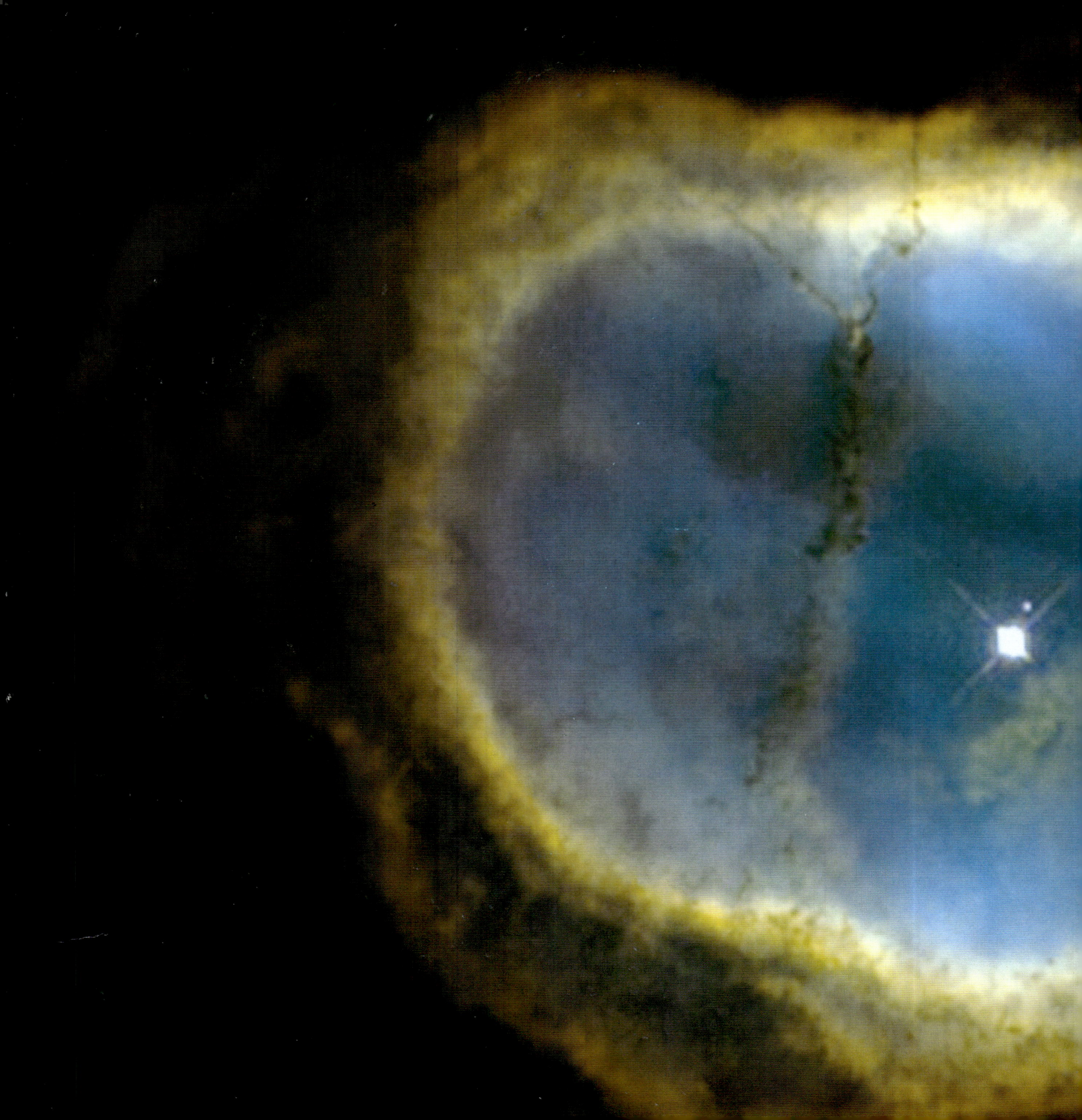

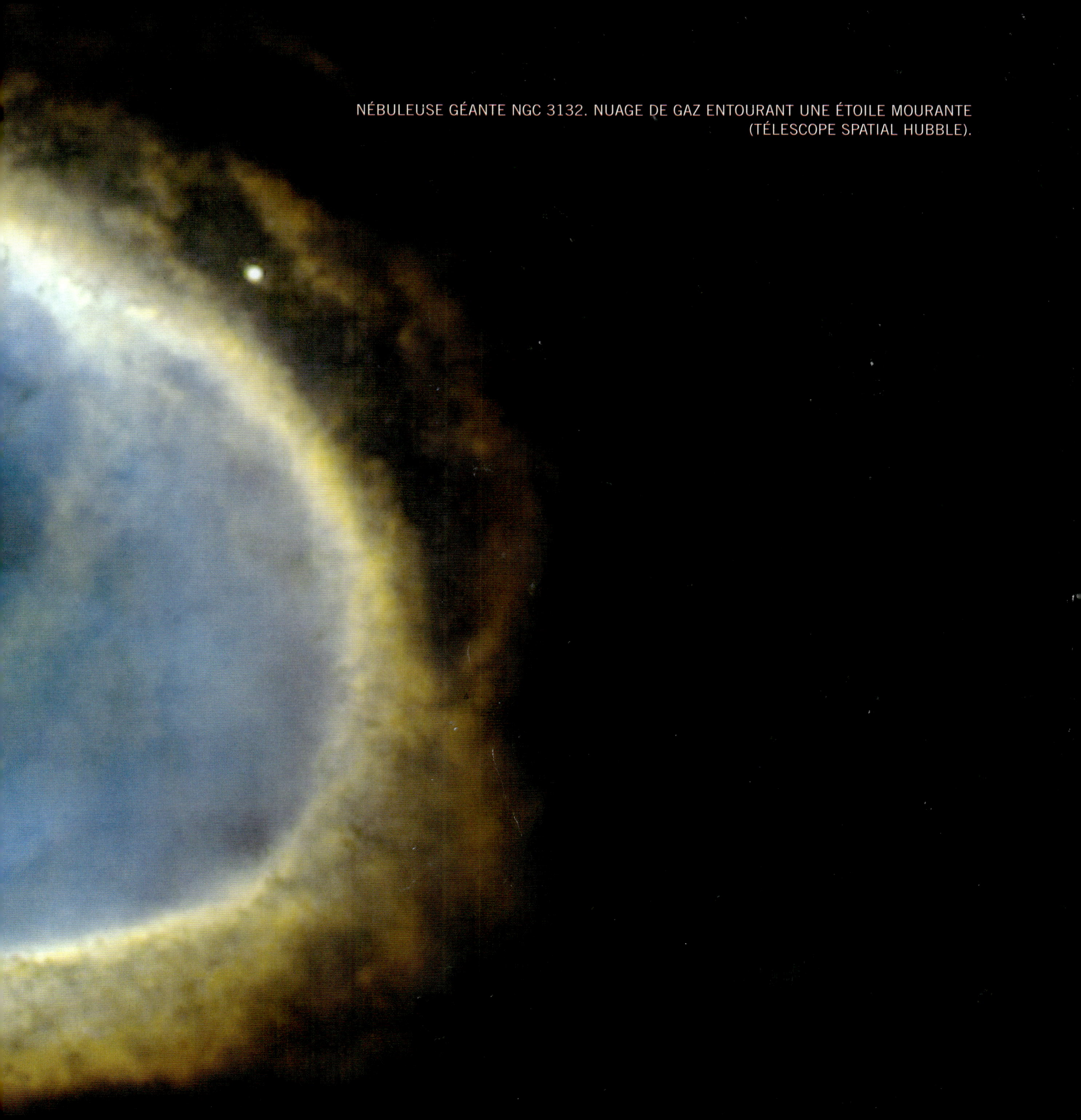

NÉBULEUSE GÉANTE NGC 3132. NUAGE DE GAZ ENTOURANT UNE ÉTOILE MOURANTE (TÉLESCOPE SPATIAL HUBBLE).

Pierre Brisson, Frédéric Loeb

LA VIE COMMENCE DANS L'ESPACE

Quelque part

Quel ciel
J'ai mis un miroir dans les nuages
À refléter l'infini
Et dériver d'une illusion
L'autre

Du côté bleu ce sont les corps célestes
Blasons de désirs vagabonds
Sans poids
Comme échappés à des étreintes de lumière
Il y a là des torses et des épaules
Des nuques et des croupes
Peu de visages en transparence
Ou alors déjà passés dans le blanc
On ne leur donne pas de nom

Le regard le plus nu cherche une présence
Un battement d'aile
La plainte d'un ange abandonné de tous
Et qui sait que l'azur est désert

Y a-t-il une trace une seule
Quelque part
Haleine posée sur l'horizon
Sourire au creux des sables
Caresse qui cesserait d'être anonyme
Quelque part

Ce monde est en partance
Destin de fumée sur fond de matin éclatant
Je lave mes yeux par une sorte de sursaut mystique
Qui veut que je me lève
Pour saluer encore et toujours plus haut que nous
La beauté

Au-dehors tout est vide
Je mets ton ciel en moi

André Velter, *Une autre altitude*

À la conquête du rêve, au-delà des étoiles !

Après avoir atteint deux des pôles de notre petite planète, l'Everest à 8 848 mètres d'altitude et le pôle Nord, à quoi peut-on rêver de plus haut, de plus lointain ?

Quand j'ai rencontré les auteurs, en quelques minutes déjà, je rêvais de m'envoler dans cet espace d'impesanteur, de liberté, de paix. Et quand, en plus, ils m'ont parlé d'espace utile… alors comment ne pas déjà s'envoler et espérer…
Quand on se souvient de l'ascension du premier 8 000 en 1950, l'Annapurna de Maurice Herzog, des premiers pas de l'homme sur le toit du monde (Hillary a atteint le sommet de l'Everest en 1953)…
Qu'un demi-siècle à peine sépare ces exploits de ce tourbillon de science.
Alors, comment ne pas croire et se laisser attirer vers cet infiniment pur, léger et irréel ?

Comment ne pas rêver de *Mandala*, la station de la paix, d'un petit séjour de méditation à regarder cette Terre si petite, si belle, si fragile, à promouvoir la paix par la contemplation du silence et du grandiose spatial ?

Mais comment surtout ne pas espérer que toutes ces conquêtes, toutes ces connaissances spatiales ne radient à tout jamais la souffrance sur Terre. Je pense tout spécialement aux enfants atteints de cancer, de leucémie et à tous ceux qui meurent de faim et de guerre. Pourrons-nous ainsi un jour espérer en une planète propre avec un gros vigile au-dessus de nos têtes aidant à la reconstruction de notre écosystème ?
Pourrons-nous espérer en une absence totale de guerre ?

Que la science nous conduise vers de tels objectifs constitue le plus beau des rêves, au-delà des étoiles. Peut-être inaccessible, mais serait-il vraiment le plus utopique au regard de la folie humaine ?

Qu'il est doux de rêver… à un monde virtuel où tout serait beau.
Alors, comme le Petit Prince… dessine-moi l'espace.
Et je rêve.

Docteur Christine Janin, *médecin, alpiniste.*

Première femme française à avoir conquis le Top 7, tour du Monde des sommets dont l'Everest (8 848 mètres), ainsi que le pôle Nord, après soixante jours d'une marche extrême à une température de – 35°C. Directrice de l'association *À chacun son Everest !* dont le but non lucratif est d'aider les enfants atteints de leucémie ou de cancer, à « guérir mieux », par tout moyen éducatif, sportif ou culturel, en se basant sur l'analogie entre les difficultés à conquérir un sommet et celles rencontrées pour vaincre une maladie.

L'espace, composante stratégique de notre futur en Europe

L'espace est de nos jours souvent considéré comme la dernière frontière de la curiosité des hommes, tant par son aspect pionnier que par ses développements technologiques associés aux missions scientifiques. La part de rêve contenue et entretenue par la composante spatiale est importante mais nous ne devons pas oublier les obligations que suscite la recherche.

En effet, l'outil spatial doit non seulement permettre de répondre aux ambitions politiques visant à améliorer les connaissances scientifiques liées à notre Univers mais aussi à combler les attentes légitimes du citoyen dans un monde de communication où le satellite est omniprésent.

Prenons un exemple : aujourd'hui, tout ce qui concerne la communication au sens large, les programmes de télévision, la navigation par satellite et la météorologie, fait partie intégrante de notre vie quotidienne et il est important de mesurer et de saisir les opportunités gigantesques et les demandes exprimées par une société en pleine évolution.

De même, les satellites qui tournent autour de la Terre doivent être l'instrument de contrôle de notre environnement, de prévision et de gestion des ressources fragiles de notre planète.

L'Europe spatiale est une réalité au service de l'Europe et de ses citoyens, mais n'oublions pas de laisser une part au rêve qui, bien souvent, nous projette dans l'avenir, à la recherche du temps, de l'espace, de l'infini.

Le rêve peut, un jour, devenir réalité...

Antonio Rodotà, *Directeur général de l'Esa.*

Les auteurs

Pierre Brisson travaille à l'Agence spatiale européenne (Esa) où il est responsable du Programme de transfert de technologies (TTP). Pierre Brisson est docteur-ingénieur et est basé au centre de recherche de l'Esa à Noordwijk, aux Pays-Bas. Entre 1981 et 1985, il était coresponsable de deux expériences de croissance cristalline en microgravité, expériences européennes menées dans les navettes spatiales américaines Columbia et Challenger au sein des Spacelab-1 et 3. Entre 1984 et 1989, il est responsable de la programmation de la recherche et développement dans l'industrie et est en charge du développement d'un portefeuille de 275 brevets. Il rejoint le département de Technologie de l'Esa en 1989, en tant que responsable adjoint du Programme technologique de base de l'Agence, et responsable technique du Programme de transfert de technologies. Il prend la responsabilité du Programme en juillet 1998. Il est également membre du groupe des brevets de l'Esa. Pierre Brisson est auteur de cinquante articles et publications scientifiques et inventeur de vingt-cinq brevets.
Pierre Brisson est marié et père de cinq enfants.

Pierre Brisson a récemment publié :
Down To Earth, *avec John Rootes. Recueil de transferts de technologies issus des développements spatiaux dans des applications de la vie quotidienne.*
Mega Cities, *avec Fritz Gampe. Vision des mégapoles de la planète au travers d'images satellitaires.*

Frédéric Loeb est né en mai 1968. Diplômé de l'Institut d'études politiques de Paris et d'un troisième cycle, il effectue toute sa carrière au sein de la profession marketing. Il dirige une société d'innovation pro-cré-active (prospective-créativité-action) dont la vocation est d'aider les entreprises à innover. Il participe ainsi au processus de développement de nouveaux produits et services des plus grandes sociétés internationales comme L'Oréal, Danone, Rémy Martin, Chanel, la Fnac ou Universal... Il fait partie du réseau officiel des courtiers technologiques et d'experts en transfert de technologies sur lequel s'appuie le Programme de transfert de technologies spatiales de l'Esa. Passionné par les idées et le style, il enseigne la prospective et l'innovation à l'Institut d'études politiques de Paris.

Frédéric Loeb a récemment publié :
00, et si on remettait les compteurs à zéro ?, *avec Gérard Laizé. Éditions de L'Imprimeur, 1998.*
2000. *Catalogue officiel du pavillon de la France à l'Exposition universelle de Hanovre, 2000.*

sommaire

1 La conquête de l'espace reflète l'époque qui la motive

Pourquoi la conquête spatiale ? À qui profite-t-elle ?
À quoi sert-elle ? Quelles sont ses limites ?

Spoutnik pèse 83 kg et emporte un émetteur radio.
Pour lancer Spoutnik, l'URSS dispose d'une fusée très puissante, la Zemiorka.
C'est la même qui lancera Vostok-1.

LA CONQUÊTE SPATIALE NAÎT DE LA GUERRE FROIDE ET DE SES DÉRAPAGES

La fin de la Seconde Guerre mondiale, en 1945, marque le début de la Guerre froide et le début de la véritable conquête spatiale. Les Américains ont capturé le concepteur des V-2 allemands, Wernher von Braun, et son équipe. Ensemble, ils imagineront la fusée Saturn-5 qui emmènera les hommes sur la Lune en 1969. La conquête de l'espace est le théâtre idéal – car très visible – des démonstrations de puissance et d'avant-garde technologiques. Les Soviétiques prennent un peu d'avance avec le lancement du premier satellite artificiel Spoutnik-1, le 4 octobre 1957. Les Américains répliquent dès le 31 janvier 1958, par le lancement d'Explorer-1. Et les Soviétiques envoient le premier homme dans l'espace, Youri Gagarine, le 12 avril 1961, suivi de près par le premier Américain, John Glenn, le 20 février 1962. La première sortie extravéhiculaire est encore russe : le 18 mars 1965, Alexeï Leonov sort dans l'espace pendant dix minutes. L'Américain Edward White fera de même en juin 1965…
Le 10 mai 1961, le président John Fitzgerald Kennedy annonce : « Notre nation doit s'engager à déposer l'Homme sur la Lune et à le ramener sur Terre sain et sauf avant la fin de cette décennie ! » Un Américain, Neil Armstrong, foule effectivement le sol de la Lune le premier, le 20 juillet 1969, et plante un drapeau américain au nom de l'humanité. Les Soviétiques répliqueront à leur manière par la mise en orbite de la première station spatiale, Saliout-1, le 19 avril 1971, suivi du Skylab américain, le 14 mai 1973. Puis les deux superpuissances s'intéresseront à Mars et chercheront à apaiser une compétition très coûteuse qui conduit à des dérives souvent restées secrètes. La jonction entre un vaisseau Apollo et un vaisseau Soyouz le 17 juillet 1975, la première poignée de main spatiale, donnent une dimension plus pacifique à la conquête de l'espace. Les Américains élaborent alors le programme STS de navette spatiale habitée réutilisable que les Soviétiques essaieront de copier avec Buran en 1988, tout en devenant les spécialistes incontestés des vols habités de longue durée.
Mais le Mur de Berlin tombe en 1989 et l'Union soviétique disparaît deux années après. Les Américains proposent de montrer au monde entier que la Guerre froide est bien finie et qu'une coopération pacifique concrétisée par la construction d'une station spatiale internationale remplacerait une course un peu vaine. Pied de nez un peu triste, les entreprises privées américaines et européennes se précipitent alors au chevet de l'industrie spatiale soviétique pour récupérer les joyaux d'un formidable savoir-faire. Car les opinions internationales n'ont jamais véritablement choisi laquelle des deux superpuissances dominait véritablement l'espace. Chacune avait ses spécialités mais les deux ont su transformer une compétition très technologique en rêve pour toute l'humanité.

SANS PROSPÉRITÉ, PAS D'ESPACE ?

La conquête de l'espace est comme une pierre blanche dans l'aventure de l'humanité. Après la conquête des continents inconnus par les différentes civilisations humaines, la conquête de l'orbite terrestre puis des planètes environnantes représente de nouvelles frontières à dépasser. Mais la technologie spatiale est d'une complexité extrême, la sécurité des vols habités impose des solutions technologiques qui, la plupart du temps, n'existent pas et qu'il faut inventer. Avec un chapelet de retombées formidables pour la vie de tous les jours. Maîtriser l'espace, c'est maîtriser l'avenir ! Cela a cependant un coût très élevé. L'écroulement de l'industrie spatiale soviétique vendue à des opérateurs privés américains ou européens en constitue un triste exemple. Quand tout le système en faisait une priorité politique, l'Union soviétique pouvait se permettre un programme spatial concurrençant les Américains. Mais sans moyens importants, pas de conquête spatiale. Le programme Apollo aurait coûté près de 80 millliards de dollars d'aujourd'hui et aller sur Mars en coûtera probablement dix fois plus ! Les Européens ont su organiser un dispositif international avec l'Agence spatiale européenne (Esa) et les centres spatiaux nationaux pouvant réunir assez de moyens financiers et humains, de compétences technologiques pour leur permettre d'être indépendants en ce qui concerne les lanceurs et les satellites. Mais pour les vols habités, il faudra collaborer encore de nombreuses années avec les Américains et/ou les Russes, contre espèces sonnantes et trébuchantes. Même si de nouvelles puissances spatiales émergent, voulant montrer leur indépendance, leurs performances technologiques. On pense naturellement aux Japonais, aux Chinois, aux Indiens...

Avec la fin des grands cycles de récession économique de la fin du XXe siècle, la fin de l'euphorie née de la chute du Mur de Berlin et la disparition de l'Union soviétique, l'utopie spatiale réapparaît peut-être. En effet, la Guerre froide avait favorisé l'exploration spatiale, née d'une compétition de prestige à la conquête de la Lune. Jusqu'au premier choc pétrolier, les voyages intersidéraux créent le substrat d'imaginaire du progrès ultime. En l'an 2000, ne devions-nous pas tous vivre dans des combinaisons spatiales, à la recherche du bonheur sur la Lune et d'autres planètes du système solaire ? Pourtant le repli sur notre planète est de plus en plus difficile : nous l'avons peut-être définitivement polluée, les dangers d'un anéantissement par l'environnement spatial se précisent. Quitter l'orbite terrestre ne redeviendrait-il pas nécessaire ? Pour trouver de nouveaux territoires afin d'abriter l'humanité d'ici à quelques siècles. Pour faire progresser la connaissance de notre environnement spatial afin de mieux le protéger et d'éviter de le salir comme nous l'avons fait avec la Terre. Pour fédérer les valeurs de communauté comme l'Europe, qui dépassent la notion de nation pour celles d'intérêts communs. La conquête, l'exploration spatiale ne reflètent-elles pas finalement l'époque qui les fait naître ? À prospérité économique, prospérité spatiale !

En 1957, l'Union soviétique lance le deuxième satellite artificiel de la Terre, emportant à son bord la chienne Laïka. Ici dans la cabine étanche, avant son installation à bord du satellite. ➲

Le subcontinent indien a aujourd'hui dépassé le milliard d'habitants sur 3,268 millions de kilomètres carrés.

CONQUÉRIR L'ESPACE CAR LA TERRE EST TROP PETITE ?

Les limites de la civilisation des Trente Glorieuses (1945-1975), du progrès résolvant tous les problèmes de l'humanité, de l'espoir béat dans la société de consommation apparaissent avec la crise énergétique du début des années 1970. La notion d'écologie s'installe progressivement, d'abord utopique et provocante, de plus en plus raisonnée et réaliste. Soudain l'homme commence à envisager que la Terre est trop petite, que sur Terre, il y a autant de vivants que la population représentée par la somme de tous les vivants depuis le début de l'humanité ! Comment nourrir des générations aussi nombreuses ? Paradoxalement, le progrès scientifique et médical, des politiques plus ou moins radicales de planification des naissances, la scolarisation des jeunes filles auront au moins une conséquence positive, celle de faire baisser la natalité dans la plupart des pays menacés par une explosion démographique. C'est plutôt l'effet inverse qui risque de se produire, par la chute du taux de fécondité : fin 1999, soixante et un pays étaient au niveau ou sous le seuil de renouvellement de la population (2,1 enfants par femme). Le phénomène est très marqué en Europe, au Japon mais également dans certains pays en voie de développement. La pandémie du Sida en Afrique subsaharienne contribue également à faire augmenter dramatiquement le taux de mortalité et réduit donc artificiellement la progression de la population. Dans certains pays, l'espérance de vie diminue à présent, et ce phénomène pourrait perdurer des décennies. Au Botswana, elle est passée de 61 à 47 ans entre 1990 et 2000 et elle pourrait chuter à 38 ans en 2010 !

En 2020, il devrait y avoir sur Terre entre 7,2 – selon l'hypothèse basse – et 8 milliards d'individus ; 9 à 10,7 milliards à l'horizon 2050, avec une stabilisation à 11 milliards en 2100. Mais un enfant de plus par femme en âge de procréer fait monter ce chiffre à 27 milliards... Et dans ce cas, les projets de migration d'une partie de la population terrestre vers d'autres habitats seront peut-être à nouveau à l'ordre du jour. Le déplacement massif de populations semble un peu utopique au regard des possibilités technologiques actuelles. Mais quand on sait de quoi l'espèce humaine est capable...

Dû à la pollution atmosphérique, le trou dans la couche d'ozone atteint chaque année sa taille maximale autour du mois d'octobre. Le 19 septembre 1998, il atteignait un record de 10,5 millions de miles carrés.

CONQUÉRIR L'ESPACE CAR L'HOMME DÉTRUIT LA PLANÈTE TERRE ?

L'homme ou tout le moins certains hommes, et ce au travers de leurs actions, commencent tout doucement à prendre conscience des dégâts souvent irréparables qu'ils ont occasionnés dans leur seul habitat connu pour l'instant, la Terre. Tempêtes, raz-de-marée, inondations, glissements de terrain ne seraient-ils que les réponses météorologiques d'actions humaines cumulées tout au long d'années d'irresponsabilités planétaires et environnementales, les symptômes graves d'un mal qui rongerait doucement la planète ? Le mal serait-il incurable, serait-il déjà trop tard dans tous les cas ? L'homme a semble-t-il marqué d'une trace indélébile sur l'environnement sa prédominance sur les autres espèces. C'est aussi la première espèce qui aura réussi semble-t-il à modifier son écosystème ; c'est également elle qui a développé, perfectionné les moyens de son autodestruction et de celle de son habitat, fragile socle perdu dans une orbite autour du soleil. Mais nous ne pouvons pas nous passer d'un environnement naturel nécessaire à notre respiration, notre protection contre les radiations, notre nourriture et notre boisson.

La destruction de notre environnement est-elle irréversible, serons-nous capables de remédier à ce massacre des écosystèmes de la faune et de la flore ? Le fantastique progrès des techniques et des technologies saura-t-il à présent réparer ce que sa genèse a provoqué ? Mais avec quel financement, qui acceptera d'en prendre la responsabilité ?

Une prise de conscience internationale est semble-t-il en train d'opérer, mais soulignant de façon criante les inégalités qui séparent de plus en plus les pays riches et les pays pauvres. Le développement est en effet très gourmand en ressources : énergie et productivité agricole nécessaires à la nourriture d'une population de plus en plus nombreuse. Les plus optimistes pensent qu'il vaut mieux occasionner quelques dégâts sur l'environnement pour assurer un développement durable quitte à les réparer *a posteriori*. D'autres pensent au contraire que cette démarche qui a été plus ou moins consciemment la nôtre jusqu'à présent, a mené à tous les gaspillages, tous les dommages que l'on peut à présent observer, et qu'il convient de changer radicalement de point de vue. Il vaudrait mieux procéder à l'examen des besoins en énergie et ressources naturelles et y répondre par une offre équilibrée et raisonnée. Mais n'est-il pas déjà trop tard ? La planète Terre serait-elle rentrée dans un processus de destruction irréversible et, dans ce cas, l'humanité entière devra-t-elle la quitter un jour sous peine d'anéantissement de l'espèce humaine ?

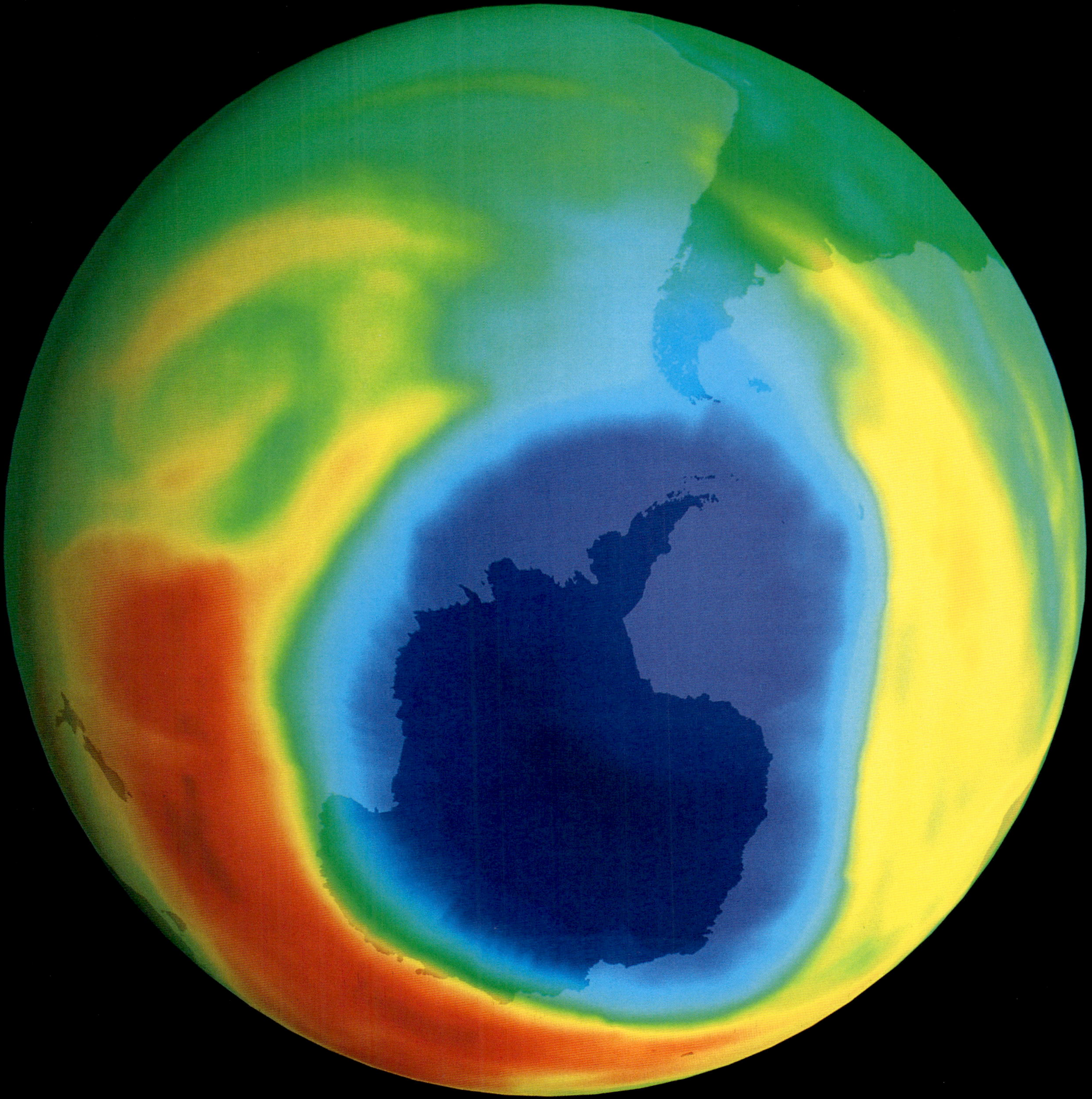

Cratère formé par l'impact d'une météorite aux États-Unis, dans l'Arizona. Vieux de 50 000 ans, il atteint une profondeur de 200 mètres, une largeur de 800 mètres et héberge un centre d'études des planètes.

CONQUÉRIR L'ESPACE PAR INSTINCT DE SURVIE CAR L'ESPACE RISQUE DE DÉTRUIRE LA TERRE...

Quand on regarde ce qui se passe dans tout l'Univers, la Terre et son atmosphère représentent un petit miracle naturel, une coïncidence heureuse mais qui semble si fragile et éphémère.

Sans comparaison avec les pressions et les températures invraisemblables des confins de l'Univers, ce qu'a également vécu notre environnement stellaire il y a quelques milliards d'années, le système solaire n'est pas vraiment un havre de paix céleste. Sur les planètes proches de la Terre, aucune condition ne semble remplie pour une forme de vie avancée. Au-dessus de nos têtes déjà, aux quatre cents kilomètres d'altitude correspondant à une orbite basse, la vie humaine est impossible sans la protection d'un vaisseau spatial : vide et absence d'oxygène, différence de températures relatives de plusieurs centaines de degrés, vent solaire de petites particules atomiques chargées électriquement, radiations diverses... Notre bouclier atmosphérique nous protège de tout cela. La plupart des objets stellaires fonçant sur la Terre sont ralentis par les couches externes et détruits lors de leur descente dans les couches denses. La chute provoquée de la station Mir en mars 2001 en a prouvé l'efficacité : 300 tonnes à 400 km d'altitude, 30 tonnes ayant coulé dans l'océan Pacifique...

Le vide absolu est néanmoins sans cesse rayé de milliards de météorites croisant à une vitesse de plusieurs kilomètres par seconde, souvent de la taille d'un grain de sable mais suffisant pour transpercer le scaphandre d'un spationaute. Cela n'est encore jamais arrivé mais si le nombre de missions habitées augmente, la probabilité d'un accident mortel augmente également. On estime le risque de chute importante d'un objet céleste sur une zone habitée à tous les 3 000 ans. Le Département de l'énergie du laboratoire américain de Los Alamos a ainsi récemment repéré, grâce au système de détection d'essais nucléaires clandestins, l'entrée dans l'atmosphère de deux météorites de taille moyenne qui sont heureusement tombées dans l'océan Pacifique. La planète Terre n'est pas à l'abri de la collision avec une grosse météorite qui pourrait la pulvériser en milliers de petits morceaux. Certains astronomes pensent ainsi que la ceinture d'astéroïdes qui tourne en orbite dans le système solaire entre Mars et Jupiter serait une ancienne planète pulvérisée...

Températures relatives

Dans l'espace, en l'absence d'atmosphère, le chaud et le froid ne signifient pas grand-chose car on peut passer instantanément, dans notre système solaire, de – 270° C à l'ombre à plus de 100° C pour les surfaces exposées au Soleil.

Sans compter que plus on se rapproche du Soleil, plus la température augmente, pouvant atteindre 5 500° C, température à la surface de l'étoile qui nous fait vivre ! La température au centre du Soleil pouvant, quant à elle, atteindre plusieurs millions de degrés.

Vide absolu

Zones de l'espace dépourvues de matière où il n'y a donc pas de pression, pas de vent de particules. En réalité, on parlera plutôt de milieu gazeux raréfié.

CHERCHER D'AUTRES FORMES DE VIE

Le XXIe siècle, notre siècle, va peut-être apporter la preuve que des formes de vie existent ailleurs que sur la planète Terre. Toutes les sciences et technologies humaines sont à présent sollicitées, mises à contribution pour la recherche de ce que la culture populaire appelle les "petits hommes verts" : télécommunications, biologie, génétique, astrologie, cosmologie. Une science très sérieuse nommée "exobiologie" émerge depuis quelques décennies et tente de fédérer toutes ces recherches. Elle est en quête de molécules prébiotiques, de conditions qui permettent et favorisent l'apparition de formes de vie, telle que nous, humains, la définissons, même primaire. Les techniques employées vont de l'analyse spectrale des reflets de lumière des planètes et étoiles lointaines à l'analyse de gaz et roches trouvés sur des planètes proches comme Mars. Ce travail est à présent rendu possible par la confirmation récente des moyens d'observation d'exoplanètes, de planètes qui tournent autour d'autres étoiles que le Soleil et qui pourraient ressembler à la Terre, en termes de conditions favorables à l'apparition de la vie. Et cette quête nous apprend aussi beaucoup de choses sur nos propres origines et sur notre environnement immédiat, notre système solaire dont il reste encore beaucoup de choses à découvrir. La planète Titan, satellite de Saturne, véritable terre primitive congelée, présente ainsi sous une épaisse couche nuageuse tous les composants et les réactions chimiques indispensables à l'apparition de la vie : méthane, azote, rayons ultraviolets qui, en se transformant en acide cyanhydrique et cyanoacétylène, permettent l'apparition d'adénine, composant de base de l'ADN, chaîne de vie. Et si la vie était venue d'ailleurs sur Terre, apportée par des micro-organismes pris dans la glace d'une météorite ?
La Nasa finance de très importantes et très controversées recherches sur ce sujet... Les recherches du Seti (Search of Extraterrestrial Intelligence) sont pourtant devenues très officielles et bénéficient des technologies les plus avancées, d'observations par les instruments astronomiques les plus puissants. Et si la vie existait sous la croûte de glace d'Europe, un satellite de Jupiter ? L'attraction gravitationnelle que l'on détecte sur Europe pourrait avoir favorisé l'apparition d'une activité volcanique maintenant de l'eau sous forme liquide dans un Océan à cent kilomètres de profondeur sous la calotte glacière qui semble recouvrir toute cette planète. Les conditions pourraient ainsi favoriser l'apparition de bactéries et de formes primitives de vie. Et si des extraterrestres vivaient discrètement sur cette onzième planète du système solaire ?
Et d'ailleurs, à quoi pourraient ressembler ces créatures d'autres mondes, sans parler d'autres univers ayant bénéficié de la même "soupe primitive" nécessaire à l'apparition de la vie, de "notre" vie ? Certaines théories leur confèrent les mêmes nécessités physiques qu'aux vertébrés vivant sur Terre : motricité, système nerveux, organes de digestion et d'irrigation de la matière vivante en nutriments... Une intelligence avancée les fait étrangement ressembler à l'homme. Une intelligence que l'on aime à supposer plus avancée que la nôtre, résolvant d'un seul coup une autre de nos questions lancinante et primordiale : quelle évolution pour l'espèce humaine ? Mais la nature est si créative et imprévisible...

Attraction gravitationnelle

Depuis Newton et sa célèbre pomme, on le sait, un gros corps céleste provoque une attraction vers son centre.
Sur Terre, elle est égale à 1, ce qui permet aux hommes de tenir debout, que ce soit à Paris, dans l'hémisphère Nord, ou à Sydney, dans l'hémisphère Sud.
À la proximité des corps célestes existe, dans l'espace, une attraction gravitationnelle proportionnelle à leurs masses et diminuant dès que l'on s'en éloigne.

La mission Cassini-Huygens :
Lancée le 15 octobre 1997, la sonde se satellisera en 2004 autour de Saturne et larguera le module Huygens dans l'atmosphère brumeuse de Titan. Freinée par un parachute et protégée par un bouclier porté à une température de à 12 000 °C, Huygens fera des analyses de cette atmosphère et des photos de la surface de Titan avant de s'y poser et d'y survivre environ une heure, si tout va bien…

Le cyclone Bonnie vu de l'espace, le 19 septembre 1992.
L'œil est clairement développé au centre de la masse nuageuse.
À ce point Bonnie est à environ 800 kilomètres de l'Archipel des Bermudes.

PRÉVENIR ET PEUT-ÊTRE RÉPARER LES CATASTROPHES ÉCOLOGIQUES GRÂCE À L'ESPACE ?

La prévention des catastrophes écologiques constitue un des grands défis du XXIe siècle. Le satellite en constitue un des plus précieux outils : observation satellitaire des pollutions, des rejets industriels et des marées noires. D'autres solutions sont envisagées *in situ* comme des spectromètres dans les cours d'eau, par exemple. L'Union européenne a entrepris un important programme d'étude et de surveillance de ses écosystèmes. Mais en la matière, la prévention se doit d'être globale et un problème tabou demeurera : comment faire accepter le contrôle des pollutions des pays en voie de développement sans porter atteinte à leur souveraineté ? Les pollutions de ces pays seront pourtant de plus en plus importantes au fur et à mesure de leur développement économique. Au-delà des pollutions, les premières années du XXIe siècle verront une amélioration de la prévention des tremblements de terre et des nouvelles catastrophes naturelles. Réseaux d'observation permanente, comparaisons par ordinateur avec des archives de plus en plus nombreuses et significatives... Par ailleurs, un peu partout dans le monde, de nouvelles normes de construction seront imposées, résistant aux tremblements de terre, aux forts coups de vent de plus de 200 km/h.
Pourtant en 2020, la prévision climatique ne dépassera pas quelques jours... Le principal défi scientifique du XXIe siècle sera d'élaborer un modèle général des changements climatiques sur Terre. Cela requiert une approche scientifique très complexe qui associe la physique, la botanique, la biologie, la dynamique, la chimie des océans. Les lancements de satellites d'observation de plus en plus précis sont prévus en 2002, ainsi que l'étude de nombreux phénomènes : Jason/Topeix-Poseidon pour l'observation de la surface des océans (de l'ordre du centimètre) ; Meteosat d'Eumetsat (European Organization for the Exploration of Meteorological Satellites), ses successeurs, et les trois satellites EPS (European Polar System). On peut également évoquer l'étude franco-russe du bilan radiatif de la Terre, et franco-japonaise de mesure globale du rayonnement solaire réfléchi par l'atmosphère et par la Terre, ou encore le satellite-observatoire européen du Soleil, Soho. Peut-être en 2020, arriverons-nous à pratiquer des prévisions météorologiques à plus de dix jours. Pour cela, il faudrait cependant accroître le nombre d'observations au sol, indispensables à une bonne prévision. Mais l'hémisphère Sud est quasiment désert et recouvert principalement d'océans : il faudra trouver un moyen technique pour y pallier... Le XXIe siècle devrait voir la génération de “médecins du globe” qui connaîtront et soigneront l'atmosphère et le climat. N'auront-ils pas la tentation de le manipuler ?

L'équipement permettant aux "enfants-bulles" de vivre presque normalement est directement issu de la recherche spatiale.

LES INDISCUTABLES RETOMBÉES TECHNOLOGIQUES DE L'ESPACE DANS LA VIE DE TOUS LES JOURS

Les retombées de la conquête spatiale sur tout un chacun dépassent le rêve et le pouvoir d'émotion. Car l'environnement hostile du vide spatial, ses conditions extrêmes, le coût des lancements imposent le développement, la mise au point de technologies toujours nouvelles qui font considérablement progresser le niveau scientifique et technologique des pays engagés dans le développement d'un processus spatial. Et l'Europe spatiale rassemblée au sein de l'Esa tient à ce que les sommes investies dans la conquête spatiale se traduisent par le maximum de retombées dans la vie de tous les jours. En créant de nouveaux matériaux plus résistants ou plus légers, en miniaturisant au maximum les équipements électroniques et les puissances de calcul, en mettant au point des robots et engins automatiques les plus perfectionnés possibles, en fiabilisant les composants mécaniques, les instruments optiques...

Les applications directes des nouvelles technologies développées dans le cadre de la conquête spatiale semblent souvent un peu austères, pourtant, à terme, elles transforment notre quotidien. Les exemples sont innombrables, des couvertures de survie taillées dans la même matière que les protections de pièces fragiles des satellites aux airbags déclinés des systèmes d'atterrissage des sondes interplanétaires... Saviez-vous que la conquête spatiale fait progresser la filtration des eaux polluées, autorisant à terme l'installation de l'eau potable dans de nombreux pays du tiers monde qui en sont privés ? Tout comme les panneaux solaires indispensables à la fourniture en électricité des engins spatiaux délivreront de l'électricité aux zones habitées les plus reculées. Les voitures hybrides à propulsion à l'hydrogène sont dérivées de technologies spatiales tout comme les tissus ininflammables des grandes salles de spectacle. Et l'industrie spatiale a entraîné derrière elles deux industries qui font notre quotidien du XXIe siècle : l'industrie plastique et l'industrie de l'informatique entraînée dans la miniaturisation par le programme Apollo qui a enfanté les micro-ordinateurs. Le plastique et l'espace sont deux enfants des années 1950, leur formidable développement est indissociable. Dans l'espace, le plastique est omniprésent : composants de structure, éléments résistant aux très hautes températures, isolation thermique, composants électroniques, panneaux solaires, filtration, emballages des aliments et combinaisons des astronautes, systèmes d'atterrissage, sondes et détecteurs... De très nombreux progrès dans la vie de tous les jours ont ainsi été permis par le transfert de matériaux plastiques à usage spatial dans des domaines aussi variés que l'emballage, les composites pour l'aviation, l'industrie automobile, l'électroménager, les vêtements imperméables, les CD de musique ou informatiques, les joysticks de jeux vidéos...

UN ESPACE QUI DEVIENT DE PLUS EN PLUS CIVIL...

Espace-temps

Pour les physiciens, tout est relatif et l'espace-temps constitue un ensemble continu de tous les événements. Notre espace est en trois dimensions (3D), son évolution dans le temps constitue la quatrième dimension, avec un début (le passé) et une suite (le futur). Mais pour les physiciens, il existe aussi (mathématiquement) une cinquième, une sixième dimension, et ainsi de suite, qui chaque fois intègrent la dimension précédente...

Grâce à la constitution de l'Agence spatiale européenne (Esa) en 1975, l'Europe a su coordonner les actions de ses différentes agences spatiales nationales et proposer une offre commerciale, pacifique de lanceurs fiables, de satellites d'observation civile de la Terre, météorologiques, de communication, astronomiques... La formidable réussite de l'Esa montre surtout que l'exploration spatiale peut être le fait d'une volonté collective strictement civile. L'espace n'est plus le théâtre d'opérations de la Guerre froide où les valeurs des nations l'emportaient sur l'intérêt général. Et toute une offre privée de lanceurs, de véhicules spatiaux, de projets de stations orbitales se met progressivement en place. La Station spatiale internationale (ISS) devrait consacrer cette incursion indispensable de la sphère civile et scientifique dans l'exploration spatiale. Les scientifiques, des entreprises de tous horizons devraient pouvoir y effectuer des expériences... Si les Américains le veulent bien et ne réduisent pas le projet de l'ISS par des coupes budgétaires substantielles.

En devenant plus civil, l'espace sera plus accessible et fera peut-être moins rêver, mais sera aussi moins effrayant. La Guerre froide conférait à l'espace un imaginaire froid et inhumain. L'image que s'en faisaient les Occidentaux de l'époque se retrouve dans la littérature qui s'est appelée la science-fiction. À partir de 1968 et le film *2001, l'Odyssée de l'espace,* de Stanley Kubrick, la conquête spatiale prend cependant une dimension d'imaginaire nouvelle. Au-delà des petits martiens agressifs des années 1950, l'espace devient porteur de sens, reflétant la confiance ou l'angoisse dans l'avenir des uns et des autres. La conquête spatiale est une projection dans l'avenir des angoisses du présent. L'espace devient légitime pour exprimer le décalage nécessaire à la dramatisation des tenants et aboutissants de la réalité. La saga de *la Guerre des étoiles,* de George Lucas ne reprend-elle pas tous les fondamentaux des grandes légendes humaines, de la quête du Graal à celle de sa propre identité, du combat entre le bien et le mal mais projetés dans d'autres systèmes solaires, dans un espace-temps indéterminé ? Deux générations d'après-guerre nées entre 1945 et 1970 ont eu l'espace comme frontière du rêve ultime. Leurs jouets, inspirés de vaisseaux spatiaux, servaient à apprivoiser la complexité de la vie par le rêve.

Aujourd'hui les jeunes générations semblent moins fascinées par l'espace. Leurs parents en rêvent pourtant toujours par le biais des publicités, des films, des séries télévisuelles... Retour en grâce, de nombreux jouets, films pour enfants et adolescents s'inspirent à nouveau d'imaginaires spatiaux. Et les vacances spatiales, les séjours privés en orbite soulèvent l'enthousiasme. Plusieurs tour-opérateurs existent comme l'américain Space Adventures, qui a déjà enregistré plusieurs centaines de réservations payantes. Tous attendent la navette assez sûre pour mettre en orbite des touristes dans des conditions de sécurité satisfaisantes pour les assureurs. Nombreux sont ceux qui, comme Dennis Tito en 2001, sont prêts à payer 20 millions de dollars pour passer quelques jours dans la Station spatiale internationale, créant un précédent peut-être irréversible. Le rêve spatial serait-il de retour ? Mais civil et à la portée de (presque) tous ?

Le 30 avril 2001, à 07h57 GMT, le premier touriste spatial, l'Américain Dennis Tito, pénètre dans la Station spatiale internationale (ISS), après l'accostage du vaisseau russe Soyouz TM-32.

MALGRÉ LES TENTATIONS DE MILITARISATION DE L'ESPACE…

La Guerre froide s'est servie de la conquête spatiale comme d'un terrain d'affrontement quasi virtuel. À l'image des arsenaux de bombes nucléaires capables de détruire plusieurs fois la planète, et au-delà des politiques de communication bien orchestrées par la Nasa et le programme soviétique qui mettaient leur compétition au service de l'humanité, les militaires des deux camps ont toujours considéré l'espace comme stratégique. La base des premières fusées américaines ou russes était fondée sur des technologies de missiles balistiques transcontinentaux. Lorsque les archives se sont ouvertes, elles ont révélé des secrets assez étonnants. En même temps que John Fitzgerald Kennedy prononçait son discours annonçant un homme sur la Lune avant la fin de la décennie, l'US Air Force envisageait au travers du projet secret Lunex l'installation d'une base militaire sur la Lune en 1967, avec développement d'un véhicule réutilisable qui ressemblait étrangement à la navette spatiale actuelle ! L'US Army, de son côté, proposait en 1959 le projet Horizon d'installation d'un poste avancé sur la Lune vers 1965 ! La montée en puissance de la guerre du Vietnam a eu raison de ses projets. La conquête spatiale a été également l'enjeu d'une guerre de l'information et de la désinformation. Certains sont encore persuadés que les Américains n'ont jamais été sur la Lune et prouvent, photographies à l'appui, que tout n'a été que montage de scènes filmées en studio ou dans les déserts de l'Ouest américain… D'un autre côté, le nombre d'astronautes soviétiques réellement tués par la conquête spatiale reste un mystère. L'une des deux superpuissances de la Guerre froide s'est effondrée sur elle-même, anéantie par ses propres dysfonctionnements. L'Initiative de défense stratégique (IDS) de bouclier spatial antimissile du président Reagan n'a peut-être jamais été au point mais elle a entraîné les Soviétiques dans une compétition technologique qu'ils ne pouvaient plus suivre.

On pourrait espérer que l'espace ne soit plus qu'un terrain civil et pacifique d'expérimentation, d'observation et de transmission. Pourtant, le président George W. Bush a annoncé la reprise des recherches pour la mise en place d'une défense antimissile américaine pour se protéger d'« états voyoux » développant actuellement des fusées balistiques. Et les Russes ne sont pas en reste, proposant aux Européens de collaborer à leur solution, notamment en ce qui concerne la protection des troupes projetées au loin, par des systèmes antimissile dits de "théâtre". Les besoins des militaires de tous les États sont évidemment croissants : systèmes d'observation de plus en plus précis, de destruction laser de missiles ou d'anéantissement de systèmes de communication… On a toutes les raisons de craindre une militarisation de l'espace avec la volonté des Américains d'y exercer une suprématie. Ils y dépensent, avec une population inférieure en nombre, vingt fois plus d'argent que les Européens…

La guerre des étoiles (vue d'artiste).
Deux satellites militaires envoyant des rayons laser sur une cible pouvant être un missile ennemi ou du personnel militaire. La recherche sur les armes spatiales a débuté aux États-Unis dans les années 1980.

Danger

#2 Plus la science avance, moins on en sait sur l'Univers

Les grandes hypothèses de l'astronomie, de l'astrophysique, de la cosmologie réécrivent sans cesse l'équation de la conquête spatiale…

UNE SCIENCE TOUTE-PUISSANTE MAIS AU PIED DU MUR

Le XXe siècle aura vu la mise en œuvre de nouvelles théories scientifiques. L'idée de relativité (restreinte et générale) a fait évoluer les concepts d'espace et de temps, de masse et d'énergie ; la mécanique quantique est à l'origine d'un renouvellement des concepts de matière et de causalité. La biologie est refondée sur la description des gènes comme éléments matériels codant le vivant. Et pourtant, jamais le champ rémanent de nos questions n'a été aussi vaste, de même que nos inquiétudes quant à notre évolution n'ont été aussi grandes. Incomplétude, indécidabilité, catastrophe, décision, chaos, émergentisme, approche systémique... de nouveaux schémas de représentation se profilent pour appréhender le flou, l'incertain, le complexe.

Dans la civilisation des flux dans laquelle nous sommes rentrés, le déterminisme n'a plus cours. Il s'agit d'une instabilité chaotique où des effets peuvent être infiniment plus riches que leurs antécédents... Notre monde possède à présent des contraintes molles d'où une certaine élasticité de la perception. Imposant plus un constat que de véritables explications, des expériences plus que des preuves, perturbant ainsi les bien-fondés d'une société occidentale pétrie de rationalisme. Prévoir l'avenir, voire le modifier, le modeler, voir l'infiniment loin, pousser davantage les frontières du réel, tout apparaît aujourd'hui envisageable. La science, en particulier grâce aux avancées fantastiques de la technologie, devrait encore connaître de formidables années de progrès au XXIe siècle. Mais en se spécialisant tous les jours davantage, en précisant strictement ses tenants et aboutissants ne risque-t-elle pas de s'isoler de la grande masse de la population pour devenir l'apanage de quelques élites très spécialisées ? On mesure alors plus que jamais l'importance des grands enjeux de l'épistémologie, de la philosophie des sciences, de l'organisation de la compréhension du savoir. Sinon que faire de tout le savoir ? En fait, comment réconcilier l'homme de la rue et la science ?

Relativité

Théorie développée par Albert Einstein dès 1905, permettant d'exprimer des lois physiques et naturelles qui restent les mêmes quelles que soient les coordonnées mathématiques, faisant ainsi de l'espace-temps qui est le nôtre un référentiel spatio-temporel en mouvement parmi les autres (d'après *le Nouveau Petit Robert*).

Mécanique quantique

Mécanique qui régit le mouvement des corps à leur niveau de décomposition le plus petit, des molécules aux particules élémentaires... (d'après *le Nouveau Petit Robert*).

L'UNIVERS PEUT-IL DISPARAÎTRE ?

L'homme a toujours regardé le ciel, admiré puis observé les étoiles. L'Univers aurait plus ou moins 15 milliards d'années. Que représente un siècle d'humanité à cette échelle ? Une simple petite brique ! Pourtant notre destin est indissociablement lié à celui de cet environnement qui semble sans limite. Et le XXIe siècle, nouvelle petite brique de notre histoire, devrait nous fournir des réponses clés quant à notre place dans cet édifice en évolution qu'est l'Univers.
Si la dimension spatiale de l'Univers semble infinie, la dimension spatiale a un début depuis les années 1960 : le Big-Bang, situé à 10^{-43} seconde. Une sorte de "soupe primitive" à température très élevée (10^{32} degrés Kelvin soit des milliards de milliards de fois une température en degrés Celsius...) composée de photons et de particules élémentaires (quarks, électrons, positrons) et leurs antiparticules de charge opposée qui soudain s'annulent en créant un petit excédent de matière, source de tout l'Univers. Les premiers atomes se forment et, 300 000 ans plus tard, l'Univers continue à refroidir (température moyenne actuelle de – 270° Celsius), devient "transparent", la lumière peut briller. Cela a été vérifié par le satellite Cobe à partir de 1990, étudiant le rayonnement cosmologique de fond, émis quand la lumière s'est libérée de la matière. Les galaxies se forment alors de manière assez semblable par effondrement gravitationnel de petites quantités de matières générées par ce fantastique mouvement d'expansion continue.
Différentes théories cosmologiques toutes plus convaincantes les unes que les autres existent quant à l'évolution de ce phénomène : irions-nous vers un *Big Crunch*, une disparition générale, la force de dilatation de l'Univers étant contrée par la matière ? Cet effondrement provoquerait alors une renaissance perpétuelle par des Big-Bangs successifs. Certains astronomes prétendent au contraire que l'Univers ne contiendrait pas assez de matière pouvant inverser l'expansion. Une autre théorie, soutenue par Sir Alfred Hoyle, l'inventeur du mot *Big-Bang*, soutient enfin que l'Univers est éternel et se régénère en permanence au sein de la multitude de trous noirs contenus dans l'Univers. Un objet à dimension infinie peut croître sans problème dans l'infini !
Une théorie divergente pose une autre hypothèse tout aussi crédible. Deux astrophysiciens français, Marc Lachièze-Rey et Jean-Pierre Luminet, spécialistes de la topologie des formes de l'Univers, envisagent que nous serions en quelque sorte victimes d'illusion d'optique, de "galaxies fantômes", images de vraies galaxies. Cela proviendrait d'un Univers aux contours accidentés, comme une boule de papier aluminium aux mille reflets contradictoires. Si notre Univers était en forme de tore, par exemple, la lumière de l'image d'une galaxie pourrait provenir de nombreux chemins différents plus ou moins longs, nous conférant l'impression de plusieurs galaxies, images des différents stades d'évolution de cette galaxie dans le temps. Notre Univers serait donc en réalité beaucoup moins vaste et peuplé d'objets stellaires en nombre différent de ce que pensent la majorité des astronomes...

Big-Bang
Théorie datant des années 1960 qui veut que l'Univers est né hypercondensé et, après une phase d'expansion très rapide, a continué, jusqu'à présent, à se dilater devenant toujours plus vaste (d'après *le Nouveau Petit Robert*).

Trou noir
Objet astronomique extrêmement dense qui exerce une attractivité si forte qu'il n'émet aucun rayonnement, y compris lumineux et donc ne peut être décelé qu'au travers d'effets gravitationnels intenses. Théoriquement, il absorbe tout ce qui se rapproche de lui (d'après *le Nouveau Petit Robert*).

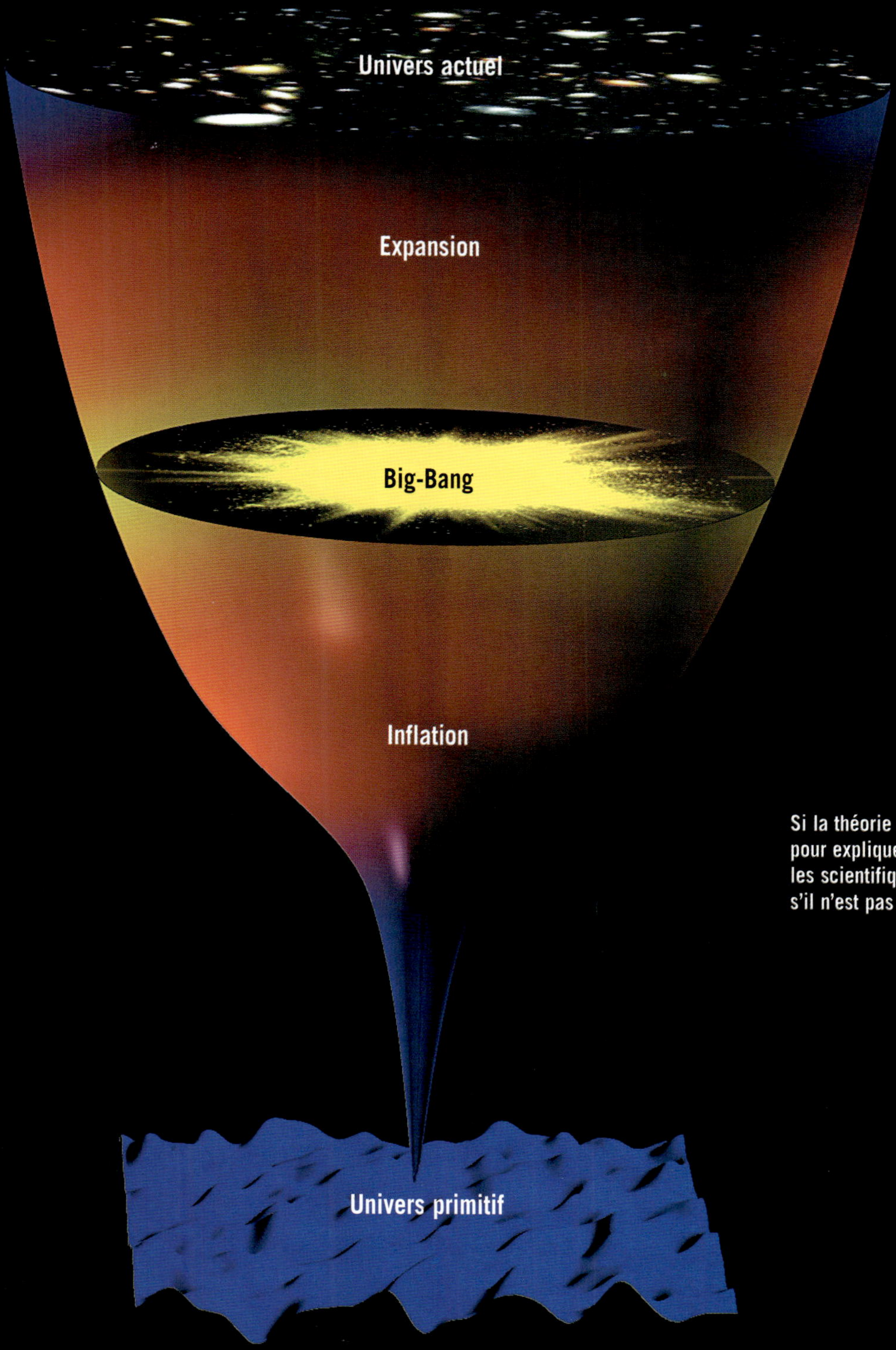

Si la théorie du Big-Bang fait l'unanimité pour expliquer la création de l'Univers, les scientifiques se demandent maintenant s'il n'est pas simplement une étape.

Champ dilatoire

Un champ dilatoire serait constitué d'une série d'ondes énergétiques disposées selon une loi mathématique spécifique, assez puissantes pour lutter contre la force de contraction d'un trou noir, objet céleste tellement dense qu'il absorbe même les rayonnements (ondes) et donc pouvant créer un phénomène inverse de dilatation.

Quintessence

Nouvelle forme d'énergie rattachée au vide aux propriétés physiques étonnantes, invisible à l'observation humaine directe et qui composerait pourtant près de 70 % de l'Univers.

Constante cosmologique

Densité d'énergie constante (qui ne varie pas avec le temps) associée au vide et corrélée à la vitesse de la lumière selon la théorie de la relativité générale d'Albert Einstein.

UNE ÉQUATION ULTIME DE PLUS EN PLUS COMPLIQUÉE...

À l'origine de toute cette expansion, à quoi ressemblait le Big-Bang qui a généré le Multivers, comme le dénomme l'astronome britannique Martin Rees ? L'Instanton, minuscule objet incroyablement lourd dont le pôle Sud ne fait pas la différence entre l'espace-temps et le pôle Nord, représente tout l'Univers selon la théorie défendue par les physiciens anglais Neil Turok et Stephen Hawking. Les fameux enregistrements de variations de température effectués par Cobe seraient en fait des preuves de l'existence de l'Instanton repéré par de minuscules rides quantiques...

Une autre théorie proposée par les Italiens Alessandra Buonanno, Gabriel Veneziano et le Français Thibault Damour soutient que le Big-Bang n'est qu'une étape dans la création de l'Univers. Un pré-Big-Bang né de la théorie des "supercordes". Une accumulation d'ondes gravitationnelles dans un pré-univers qui, en se chevauchant, créent une nouvelle particule, le Dilaton, générant un champ dilatoire qui permet de lutter contre le trou noir créé et d'aboutir à la naissance d'une bulle d'espace-temps, notre Univers. Et si le trou noir généré parallèlement aboutissait à la création d'un autre univers ? Par ailleurs, une équipe française de l'Institut d'astrophysique de Paris, à partir d'observations au CFHT (Télescope Canada France Hawaï), a annoncé en 2000 la première détection directe de matière noire à partir de l'observation de légères déviations de lumière émise par 200 000 galaxies. Jusqu'à présent, sans jamais l'observer, les scientifiques avaient imaginé l'existence de cette matière sombre constituée de particules éléments exotiques, composante essentielle de la matière constituant l'Univers mais n'émettant pas de lumière donc ne pouvant pas être observée.

D'autre part, les chercheurs américains R. Caldwell, Rahul Dave et Paul J. Steinhardt pensent avoir découvert une nouvelle "énergie du vide", sorte de brume uniforme aux propriétés répulsives, contraire de la gravitation. Dénommée "quintessence", ce champ quantique en évolution dynamique composerait 70 % de la masse de l'Univers et surpasserait la force d'attraction due à la matière ordinaire et générerait ainsi une expansion continue de l'Univers. Le retour de la "constante cosmologique" imaginée, dès 1917, par Albert Einstein ?

Vertiges : plus on s'approche d'une explication qui semblerait tenir la route, moins on trouve une réponse unique à la question finale. D'où vient l'univers, quelle est la place de l'homme dans tout cet édifice, ce mécanisme ? Le scientifique Brandon Carter recommande de respecter le principe "anthropique" pour les prochaines recherches. Si l'homme existe et peut se poser des questions sur les origines de l'Univers, c'est peut-être qu'il a été prévu pour ce faire, influençant même les lois physiques. Et donc d'autres galaxies ne devraient jamais rentrer en collision avec la nôtre, preuve du vide interstellaire suffisant. L'Univers actuel est, en effet, vide à 99 %. Prévisions nouvelles d'un autre temps, cinq siècles de science à l'envers, le vertige continue, l'abstraction des calculs devant prouver l'improbable... Le XXIe siècle devrait apporter des réponses tangibles à ceux qui sont au chevet de la connaissance. De nouvelles preuves issues de l'observation permises par les progrès des instruments scrutant notre Univers, des calculs toujours plus complexes, intégrant toujours plus de données, d'hypothèses, supportées par des ordinateurs toujours plus puissants. Mais cette soif de savoir a un but ultime, LA réponse à LA question : qu'est-ce qui est à l'origine de tout ça ?

Pour essayer de prouver l'existence de la quintessence, il est prévu d'embarquer une sonde de mesure de l'accélération des supernovae (Snap) sur un satellite. La quintessence qui devrait également avoir un effet sur le rayonnement cosmologique diffus qui compte parmi les objectifs de recherche des satellites Map (Microwave Anisotropy Probe) et de leurs successeurs Planck de l'Agence spatiale européenne (Esa), en collaboration avec les États-Unis et le Canada. Planck cartographiera le fond diffus cosmologique micro-ondes dans dix bandes de fréquence au lieu de cinq pour Map, et permettra de vérifier toutes les différentes théories cosmologiques sur les débuts de l'Univers et la formation des grands objets cosmiques.

Cellule de la lentille de l'œil. Ces cellules sont appelées des fibres à cause de leurs dimensions : 10 millimètres de long et un diamètre de 5 microns.

LE VERTIGE SPATIAL CRÉE UN ESPACE EN DIMENSIONS MULTIPLES

La limite de la perception humaine s'éloigne chaque jour davantage. De l'infiniment petit à l'échelon des particules élémentaires, à l'infiniment grand du Multivers. Dans l'Antiquité, la Terre faisait le tour de la Méditerranée et était donc forcément plate. La Renaissance a démontré que la Terre tournait autour du Soleil. Le XXe siècle a accéléré le changement de dimension qui donne à l'homme une place légitime mais minuscule dans un univers où le calcul quantique ne cesse de redéfinir ce que nous sommes et dans quelle immensité. De surcroît les technologies contemporaines ont généré des notions abstraites comme le temps simultané ou le temps instantané.
Temps simultané : je peux faire plusieurs choses en même temps. Téléphoner, me promener, regarder la nature… voire être à plusieurs endroits en même temps grâce aux messageries.
Temps instantané : grâce à la télévision, à l'Internet, un phénomène arrive en même temps, immédiatement en plusieurs endroits. Je suis les cours de la Bourse par Internet en “temps réel”, le résultat de mes transactions est immédiat.
Cela n'est qu'une perception primitive d'une réalité qui sera démultipliée dans quelques décennies. Mais comment mesurer avec précision la notion de simultané, d'instantané ? Que va devenir la notion de temps “universel”, qu'est-ce que le temps “Internet” ? Les pulsations électromagnétiques des composants électroniques ? Le quartz, pouls du XXIe siècle, rythmant la vie électronique d'un monstre, multitentaculaire, incontrôlable : Internet ?
Les prochaines décennies verront probablement une redéfinition de nouvelles échelles de mesure à l'échelle planétaire et spatiale, à la fois microscopique et macroscopique. Du temps et du non-temps, de la matière et de l'antimatière. Du monde réel et du monde virtuel. De l'infiniment petit à l'infiniment grand…

Les équations mathématiques font apparaître l'antimatière comme notre monde physique avec ses lois mais où tout est inversé. Trouvera-t-on un jour la clé qui nous permettra de passer dans l'antimonde, par des sortes de "déchirures" de l'espace-temps ?

DEMAIN, LES VOYAGES DANS D'AUTRES DIMENSIONS

Pourra-t-on traverser les trous noirs pour atteindre des univers présents dans d'autres dimensions ? L'Univers décrit dans le film *Matrix* deviendra-t-il un jour une réalité ? Peut-être ne faut-il point trop rêver. L'aller et éventuellement le retour dans d'autres univers se révélerait avec nos lois physiques matériellement quasi impossible, eu égard aux distances gigantesques qui nous en sépareraient. De plus leurs propriétés et les lois physiques qui les régissent étant souvent différentes des nôtres, y pénétrer équivaudrait à une "désintégration" immédiate... Mais la science au travers de la technologie progresse tellement vite qu'elle permettra peut-être, d'ici à quelques dizaines d'années, la découverte de moyens permettant de quitter nos quatre dimensions (espace-temps) pour se rendre dans des univers élaborés selon d'autres lois physiques. Par exemple, par l'implantation de puces électroniques de la taille des neurones, permettant dans un premier temps un voyage uniquement "mental", virtuel dans ces autres univers ? Ou encore par la déstructuration physique des édifices moléculaires grâce au laser ? Mais *quid* de leur reconstruction ? Lointaines perspectives, hypothèses intéressantes mais dénuées de fondement ? Mais de quel fondement parle-t-on ? Du fondement scientifique basé sur une connaissance humaine accumulée équivalente à un siècle.
En revanche, notre connaissance de l'antimatière se perfectionnant chaque jour – la première production d'antimatière date de 1999 –, on peut envisager la visite d'un anti-monde d'ici à quelques décennies ou quelques siècles. L'antimatière c'est notre monde physique avec ses lois mais où tout est inversé. Le pôle plus devient le pôle moins, le temps se déroule à l'envers. Véritable machine virtuelle à remonter le temps, l'anti-monde annule le monde avec un formidable dégagement d'énergie. Ce genre de phénomène s'obtient par la collision à très grande vitesse de particules élémentaires dans des anneaux d'accélération comme celui du Cern (Centre d'études et de recherches nucléaires) à Genève. Certains prophètes de malheur ont prévu que notre monde serait englouti par une trop grande production d'antimatière. Il n'en n'est rien pour l'instant. Et si cela devait arriver, ce serait un "Tchernobyl" ultime ! Que de choses il reste à découvrir, quelle aventure potentielle, quelle déception perpétuelle !

Cet "Univers de bulles" illustre la structure mousseuse ou spongieuse de l'Univers. Les galaxies isolées sont rares. Elles ont plutôt tendance à s'agglutiner en amas, qui eux-mêmes se regroupent. Ces super amas galactiques s'organisent en plaques et filaments, et forment des bulles géantes qui entourent les vides.

NOTRE UNIVERS, SIMPLE ÉLÉMENT D'UN MULTIVERS ?

Notre Univers serait en fait une bulle d'expansion contenue dans un véritable univers parmi d'autres bulles, comme dans une "mousse" de savon. Des univers parallèles, totalement indépendants, cohabiteraient alors, séparés par des distances invraisemblables avec des lois physiques différentes des nôtres. Au lieu des quatre dimensions espace-temps qui régissent notre Univers, ces autres univers pourraient avoir cinq, six voire dix dimensions. Ce scénario est soutenu entre autres par le Russe Andreï Linde. Les univers naîtraient de Big-Bangs qui pourraient se révéler la face cachée des trous noirs, moments/lieux étranges où toutes les valeurs physiques (énergie, masse, gravité) prennent des proportions formidables. La répartition très régulière et horizontale de la matière, des galaxies dans l'Univers trouverait ainsi une réponse, dans la théorie de l'"inflation éternelle" de l'Américain Alan Guth, qui aurait eu lieu pendant un très court instant (10^{-35} seconde) juste après le Big-Bang donnant à l'Univers ses dimensions actuelles. Linde explique l'inflation de l'Univers par la théorie de l'explosion du "champ scalaire", sorte de champ électrique uniforme où chaque particule possède des propriétés différentes. Comme rien ne bouge dans l'espace de ce champ, c'est l'espace lui-même qui se déforme brutalement créant l'Univers et se désintégrant en photons, particules de lumières que l'on retrouve effectivement dans les enregistrements du satellite Cobe en 1992. Si les satellites Map (prévus pour 2001) et Planck (prévus pour 2007) confirment ces observations, alors on pourra penser raisonnablement aux univers multiples... Dont le nombre et la variété peuvent être accrus de manière incroyable s'il existe plusieurs champs scalaires...
L'astronome français Laurent Nottale pense, au contraire, que les lois universelles de la physique (physique, relativité générale, mécanique quantique) s'appliquent parfaitement à l'Univers. Tout dépend simplement de l'échelle de perception, du point de vue d'observation. Nous serions en fait dans une logique s'apparentant aux fractales où chaque structure (univers, galaxie, étoile...) possède un facteur d'échelle spécifique. Cette théorie contredit ainsi la notion d'"inflation".

Multivers

Notre Univers ne serait qu'un élément d'un ensemble beaucoup plus vaste que les cosmologistes, à l'instar du Russe Andreï Linde, ont dénommé Multivers, ensemble d'univers imbriqués les uns dans les autres ou les uns à côté des autres et obéissant aux lois mathématiques.

Inflation éternelle

Théorie défendue par certains cosmologistes, à l'instar de l'Américain Alan Guth, qui veut que juste après le Big-Bang, phase où il était hypercondensé, l'Univers s'est étendu brutalement (à l'image d'un airbag ou du pop-corn au moment où les grains de maïs se gonflent quasi instantanément) pour atteindre rapidement ses dimensions actuelles.

Fractale

Objet mathématique ressemblant à son motif de composition quel que soit sa dimension (à l'image de certains flocons de neige) et qui donc signale la position d'un corps dans un espace par un simple nombre (d'après *le Nouveau Petit Robert*).

©1991 BENSUSEN

#3

Les grandes questions de la conquête spatiale au début du millénaire

Quels programmes scientifiques mettre en œuvre, quelles planètes explorer ? L'homme a-t-il vraiment une place dans l'espace ou sur d'autres planètes ?

Le 21 juillet 1969, l'homme fait un petit pas sur la Lune.
Ce sera un bond de géant pour l'humanité.

LES ENJEUX ASTRONOMIQUES DE L'ESPACE

L'astronomie et la cosmologie sont naturellement les premières sciences à véritablement profiter des progrès de l'aventure spatiale. Les progrès dans la connaissance de notre Univers, de sa genèse, de ses mécanismes, de son évolution suivent le rythme de lancements des nouveaux satellites, sondes ou encore expériences orbitales. Le satellite Cobe a permis en 1992 de vérifier l'hypothèse du Big-Bang en donnant une première image du fond cosmologique diffus. Le télescope spatial Hubble donne des images de notre environnement spatial d'une qualité jusque-là inégalée. Un successeur avec un miroir de 8 mètres devrait être lancé par la Nasa avec une participation de l'Europe. L'Agence spatiale européenne (Esa) étudie le projet Darwin, constellation de six télescopes utilisés simultanément à grande distance avec une précision infiniment supérieure et qui permettrait ainsi d'observer directement d'éventuelles planètes extra-solaires recélant d'éventuelles traces de vie. À plus court terme, le télescope Integral, lancé en 2001, étudiera les trous noirs et les étoiles à neutrons. Et de nombreuses énigmes scientifiques ne pourront être résolues que par des instruments d'observation qui s'extraient de l'atmosphère terrestre, du bruit radio ambiant et de la lumière générée par la vie humaine.

Les programmes à venir sont très nombreux. Ainsi le satellite Glast (Gamma-ray Large Area Space Telescope) de la Nasa doit être lancé fin 2005 pour succéder à Compton dans la détection des rayons X et Gamma, entre autres, de pulsars, corps célestes à très haute énergie demeurant mystérieux. Grâce aux mesures du satellite astrométrique européen Hipparcos nous bénéficions d'une vision de l'environnement proche de notre galaxie en trois dimensions dix à cent fois supérieure à celle obtenue par les meilleurs téléscopes terrestres. Dans la foulée de Hipparcos, la Nasa prévoit d'envoyer Fame (Full-Sky Astronomic Mapping Explorer) en 2003. L'Esa projette en 2009 de lancer Gaia (Global Astrometric Interferometer for Astrophysics) avec une précision mille fois supérieure à Hipparcos. Il faudra probablement compléter le dispositif par des recherches d'astérosismologie, permettant de sonder l'intérieur des étoiles. Un projet

Étoile à neutrons

Supernova en fin de vie ou Pulsar, résultant de l'explosion d'étoiles géantes qui génèrent un objet ultra-dense composé essentiellement de neutrons presque collés les uns aux autres. Avec une masse équivalente au Soleil et un diamètre de 10 à 20 kilomètres seulement !

européen dénommé Eddington a ainsi été proposé à l'Esa. Pour essayer de prouver l'existence de la quintessence, cette énergie du vide qui provoquerait l'extension de notre Univers, il est prévu d'embarquer une sonde de mesure de l'accélération des supernovae (Snap) sur un satellite. La quintessence qui devrait également avoir un effet sur le rayonnement cosmologique diffus qui compte parmi les objectifs de recherche des satellites Map (Microwave Anisotropy Probe) et Planck. Un des enjeux de l'astronomie spatiale reste l'exploitation de l'énorme masse de données générées. L'Esa et l'Observatoire austral développent ainsi Astrovirtel, un observatoire virtuel de toutes les images enregistrées mais pas forcément analysées. Soit une masse de 7 terabytes (sept mille milliards de bytes) rien que pour Hubble géré seulement à 15 % par l'Europe ! Par ailleurs, les mesures des satellites astronomiques qui seront lancés au cours des prochaines décennies seront tellement fines que peut-être les théories astronomiques sous-jacentes n'auront pas encore été définitivement établies pour pouvoir en déduire de nouvelles certitudes dans notre connaissance de l'Univers. Il faudra de toute façon croiser toutes ces informations pour se protéger d'une erreur technique de mesure.

L'ORBITE TERRESTRE, NOUVELLE FRICHE INDUSTRIELLE ?

L'homme contribue à renforcer par son action le danger qui pourrait menacer la Terre. Plus de 4 500 satellites ont été lancés depuis 1957 et on estime que plus de 40 000 débris d'une taille supérieure à une orange et pour un poids supérieur à 2 000 tonnes tournent autour de la Terre à 28 000 km/h. Un simple débris de peinture a percé un minuscule cratère dans la vitre de la navette spatiale Challenger…
Les proches environs de la Terre ressembleront de plus en plus à certaines zones industrielles terrestres : futures usines spatiales succédant à des stations abandonnées, dépotoirs de déchets divers, de débris de lanceurs, de restes de carburant fort toxique… Des chutes de satellites seront de plus en plus courantes. Situés trop bas, trop gros, leur désintégration ne semble pas garantie. L'homme a évidemment d'abord pensé à la conquête avant de penser à l'exploitation rationnelle et organisée. Une remise en ordre de l'orbite géostationnaire, voire une réglementation s'imposeront, comme le réclame dès à présent l'Académie internationale d'astronautique. Le système radar Norad existe depuis plusieurs décennies pour la détection des débris spatiaux autour de la Terre. Les grandes agences spatiales ont mis en place en 1999 un comité de coordination, l'IADC (Inter Agency Space Debris Coordination Committee) pour réfléchir aux moyens de prévenir ou de résoudre le problème des débris spatiaux. Mal pourtant nécessaire car peu de satellites en orbite ont été envoyés sans véritable fonction pour la vie sur Terre. On observera donc dans les années prochaines la création de services de nettoyage de l'orbite géostationnaire, voire de recyclage de

Mars 2001. Les Russes orientent les 300 tonnes de la station Mir vers l'atmosphère terrestre où elle se désagrégera. Les 30 tonnes restantes se disperseront dans l'océan Pacifique (vue d'artiste).

satellites ou de stations spatiales. Soutenue par la Nasa, une société propose ainsi l'installation d'ancres qui feraient chuter les satellites à volonté, au bon endroit, au bon moment. Peut-être des nations moins riches, voire des sociétés privées, achèteront-elles bientôt des satellites révisés, recyclés et donc beaucoup moins chers. À quand les squatters spatiaux, cachés dans des stations spatiales désaffectées ?
Et que penser de toutes les sondes, modules d'alunissage abandonnés un peu partout par les hommes au travers du système solaire, sur les différentes planètes et comètes proches ? Une bonne raison de voyage vers ces différents endroits serait peut-être tout simplement d'aller essayer de récupérer ces déchets, traces d'une curiosité primitive mais insatiable de l'espèce humaine. L'écrivain prospectiviste Isaac Asimov proposait quant à lui de les jeter dans des trous noirs pour qu'ils se transforment en antimatière. Évidemment, quand l'homme arrivera à s'approcher des trous noirs...

POURQUOI A-T-ON ABANDONNÉ LA LUNE ?

Le 20 juillet 1969, l'humanité tout entière a les yeux braqués sur la Lune lorsque l'Américain Neil Armstrong y pose le pied, prononçant la phrase magique : « Un petit pas pour l'homme, un grand bond pour l'humanité. » La Lune connaît alors son heure de gloire.

Le contexte de la Guerre froide et la promesse de John Fitzgerald Kennedy, faite aux Américains en 1961, de déposer un équipage sur la Lune et de le ramener sain et sauf sur Terre avant la fin de la décennie ont exacerbé l'attention pour cette petite planète morte. Les Soviétiques envisagent cependant une conquête humaine de la Lune dès janvier 1956, dans le même plan officiel secret qui décidera du lancement de Spoutnik, le 4 octobre 1957. Et le soviétique Luna-1 est le premier vaisseau humain à quitter l'attraction terrestre en 1959. Mais les Américains gagnent la course à la Lune, même si les Russes ont envoyé plusieurs sondes automatiques qui seront les premières à se mettre en orbite autour de la Lune, à photographier sa face cachée et à s'y poser. La sonde automatique Luna-9 aura ainsi été la première à retransmettre les premières images télévisées depuis la surface lunaire. Deux véhicules robotisés Lunokhod-1 et 2 exploreront tranquillement la Lune entre 1970 et 1973 ; Luna-16 exécutera le premier ramassage automatique d'échantillons lunaires ramenés sur Terre. Au-delà de leur succès médiatique, les douze astronautes des missions Apollo ont permis de rapporter sur terre 388 kg de pierre et poussière lunaires, de prendre de nombreuses photographies, d'effectuer un certain nombre d'expériences scientifiques.

Puis la Lune est oubliée pendant vingt ans. Les Américains ne s'intéressent à nouveau à notre satellite que dans le contexte de fin de Guerre froide en envoyant Clementine en 1994, et Lunar Prospector en 1998, qui mettent en évidence la présence de glace dans les zones d'ombre des pôles lunaires due probablement à la chute de comètes. D'autres sondes automatiques sont prévues pour 2002, Smart, lancée par l'Esa, et Lunar A, lancée en 2003, par la Nasa. Elles ont pour vocation l'observation de la structure et la meilleure compréhension de la formation de notre satellite.

Sans atmosphère, exposée aux contraintes du vide spatial, aux pluies de météorites de toutes tailles, à la chaleur puis au froid extrême avec une gravité équivalente à un sixième de celle de la surface de la Terre, la Lune ne ressemble pas vraiment à sa généreuse planète mère. Mais le sol lunaire est très riche en minerais rares ; les conditions de vie constituent une bonne préparation à une vie plus longue dans l'espace ; la face cachée de la Lune est un terrain idéal pour l'observation astronomique car sans atmosphère et protégée des perturbations dues à l'activité terrestre. De plus, la Lune est proche de la Terre (quatre jours) et pourrait constituer une destination de voyage touristique originale. Le rêve lunaire constitue ainsi un passage obligé de tout pays désireux de rejoindre le clan des grandes nations spatiales. Et aussi bien les Japonais de la Nasda, agence spatiale japonaise, que les Chinois ont annoncé leur alunissage pour 2005, des séjours de plusieurs semaines en 2010 et l'installation d'une base lunaire permanente entre 2015 et 2020 pour l'exploitation minière de l'hélium 3, voire la construction d'un gigantesque réseau de panneaux solaires dont l'énergie recueillie serait dirigée vers la Chine terrestre sous forme de micro-ondes… La course à la Lune repartirait-elle ou serait-ce les caractéristiques d'une nouvelle forme de Guerre froide ?

La mission Apollo-11 laissera les premières empreintes de pas humains sur la Lune. 388 kg de roche et poussière lunaires seront rapportés sur Terre au cours des différentes missions américaines.

A-T-ON BESOIN D'ENVOYER UN HOMME SUR MARS ?

Avant 2020, l'homme aura enfin peut-être posé les pieds sur la planète Mars, il aura "amarsi"... Souvenez-vous de l'enthousiasme planétaire suscité en 1998 par Pathfinder, ce petit robot qui explorait Mars, télécommandé par Internet. Se rendre sur Mars motive à nouveau les habitants de la Terre et la communauté scientifique. Préparant l'arrivée de l'homme, la Nasa projette d'envoyer un avion de survol de Mars qui déploierait ses ailes lors de son arrivée dans l'atmosphère de la planète rouge ou encore, en 2005, le programme Mars Sample Return de recueil d'échantillons martiens. L'Europe prévoit, en 2003, la mission Mars Express dont le but est la cartographie chimique et minéralogique de la planète, la recherche d'éventuelles traces d'eau. Entre 2000 et 2020, l'homme devrait poser un pied sur Mars.
Cela devrait se dérouler en trois étapes. Le programme américain Mars Reference Mission, né du projet Mars Direct de l'ingénieur Robert Zubrin, propose ainsi l'envoi, en 2007, d'un véhicule de retour sur terre ERV (Earth Return Vehicle) par des fusées du type Saturn-5 ou Energia optimisées. Ce véhicule attendrait en orbite martienne. En même temps, serait envoyé sur la surface de Mars un MAV (Mars Ascent Vehicle) permettant aux astronautes de regagner l'ERV et produisant sa propre énergie de retour grâce à des composants issus des roches martiennes. Simultanément, un module de préparation et de vie de l'homme sur Mars serait envoyé, attendant l'arrivée proprement dite de six spationautes en 2009. Le voyage durerait entre cent quatre-vingt jours (en 2009) et cent trente jours (en 2018), selon le rapprochement orbital de la Terre et de la planète rouge. Les hommes resteraient sur Mars près de deux ans, pouvant s'éloigner dans un rayon de près de 250 kilomètres grâce à des véhicules pressurisés. Ils vivraient dans un module de deux étages, d'environ 7,5 mètres de diamètre. Leur retour sur Terre s'effectuerait en 2012 après trois ans de voyage. Ils seraient rapidement remplacés par un nouvel équipage. Mais ces justifications technologiques et scientifiques sont-elles les seules à entrer en ligne de compte dans cette aventure à l'échelle de l'humanité ? Ne voit-on pas poindre le besoin de vérifier la possibilité d'une colonisation future consécutive à l'épuisement des ressources terrestres, une catastrophe écologique majeure provoquée ou subie, l'accomplissement d'un rêve humain permanent : la recherche de nouvelles terres ?

Vues de Mars, le 30 mars 1997, depuis le télescope spatial Hubble.
De haut, à gauche, en bas, à droite, l'ensemble de ces vues représente une révolution complète de la planète rouge.

PEUT-ON ENVISAGER D'ALLER AU-DELÀ DE MARS ?

Un des gros satellites de Jupiter, Europe, ou encore Titan, satellite de Saturne, suscitent beaucoup d'espoir en présentant des analogies avec notre Terre. La Nasa et l'Europe étudient déjà Titan au travers de la mission commune Huygens-Cassini. Les scientifiques parlent également de Io, un autre satellite de Jupiter qui aurait pu connaître des "marées" très fortes. En 2020, la voie sera peut-être libre après la conquête de Mars et l'on préparera peut-être des expéditions vers Jupiter ou Europe... Cependant, la priorité sera de véritablement organiser, comprendre, instruire, envisager les futurs voyages spatiaux. De façon progressive, en commençant par la visite et les déplacements réguliers au sein de notre système solaire. Car s'il a fallu moins de quarante ans pour passer d'un monoplace bringuebalant à un avion supersonique, passer de Spoutnik (1957) à un véritable vaisseau spatial intersidéral sera beaucoup plus long. Les technologies spatiales sont formidablement complexes et les moyens de propulsion progressent globalement moins vite que les autres technologies. Or, après avoir quitté l'atmosphère de la Terre, l'immensité des distances spatiales qui s'offre à l'explorateur requiert une vitesse approchant, voire dépassant dans les rêves les plus fous, la vitesse de la lumière (300 000 km/s), imposant une poussée invraisemblable que l'homme ne pourrait subir, une accélération que la science ne sait pas encore produire. Les temps de voyage dépasseront plusieurs générations de spationautes dans le cas d'exploration du système solaire, voire d'autres systèmes ou galaxies plus ou moins éloignées. L'homme représentera peut-être le facteur limitant le plus fragile et incertain dans la conquête spatiale à grande distance : comment nourrir, abreuver un équipage pendant des années ? Imaginons un instant les centaines de tonnes de nourriture et les milliers de mètres cubes d'eau nécessaires à quelques hommes pendant des décennies ? Comment faire cohabiter pacifiquement quelques hommes et femmes dans un volume très réduit, loin de tout port d'attache, de toute autorité, ou simplement de tout ce qui constitue le substrat des émotions et des rêves de l'espèce humaine ? De multiples solutions sont proposées, peu semblent cependant réalisables à court terme : de la pousse programmable de plantes génétiquement modifiées, de l'implant de cellules humaines dans des ordinateurs biologiques à la cryogénisation des équipages...

Marées spatiales

Phénomène régulier de mouvements importants de masse, à l'image des marées terrestres générées par la force gravitationnelle de la Lune, déplaçant la masse d'eau des océans et donnant l'impression sur le rivage que le niveau de l'eau monte ou descend selon un calendrier régulier.

Cryogénisation

Méthode de conservation à très basse température.
À un niveau de froid modéré, on parle de congélation, puis de surgélation.

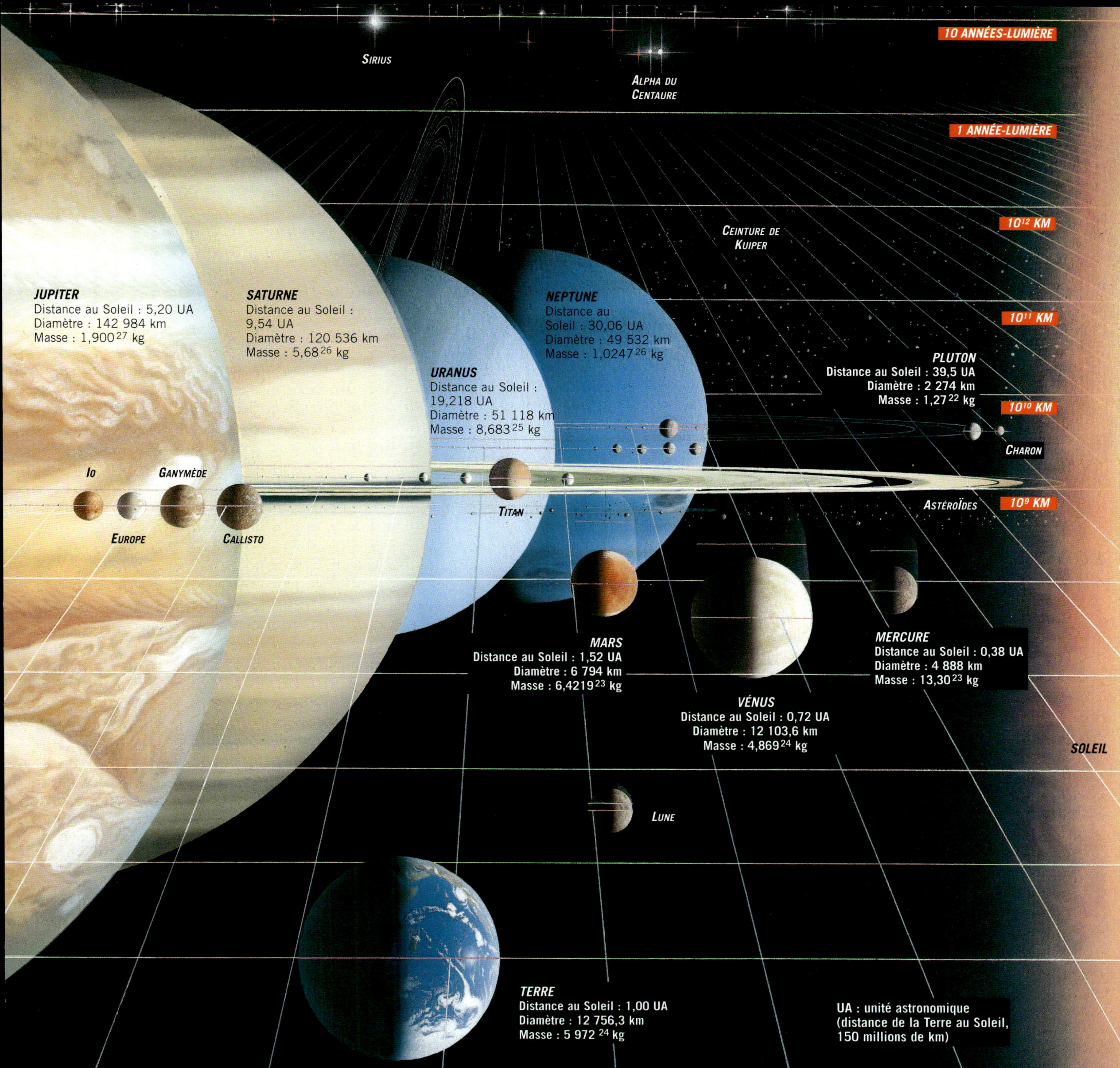

LE SYSTÈME SOLAIRE. Sur le dessin ci-dessus sont représentés tous les principaux corps du système solaire à leurs dimensions respectives.

EN 2150, DES VOYAGES À LA VITESSE DE LA LUMIÈRE...

Pour quitter notre système solaire, il faudra trouver des moyens de transport beaucoup plus rapides que ceux existant actuellement, avec de nouveaux moyens de propulsion. Il existe plusieurs solutions, pour l'instant théoriques. Ainsi le projet Dedale de la Société interplanétaire britannique. Il utiliserait la fusion nucléaire sans radioactivité du deutérium et de l'hélium 3, née de micro-explosions nucléaires dans une chambre de combustion protégée par un champ magnétique évacuant l'énergie de l'explosion vers l'arrière du vaisseau. Dans un premier temps, une sonde automatique à deux étages, de 190 mètres de long, pesant 50 000 tonnes et à l'allumage successif, serait construite en vingt-cinq ans pour être envoyée vers l'étoile de Barnard distante de 5,9 années-lumière. La vitesse de pointe atteinte au bout de quatre ans serait d'environ 10 % la vitesse de la lumière et le voyage vers Barnard durerait environ vingt-cinq ans. À une telle vitesse, il serait impossible d'arrêter le vaisseau et le moindre débri, la moindre poussière spatiale provoquerait immanquablement sa désintégration. Ses concepteurs envisagent donc de protéger le vaisseau par un petit nuage de gaz désintégrant, se déplaçant à la même vitesse et jouant le rôle de bouclier gazeux, à l'image des étoiles filantes dans l'atmosphère terrestre.
L'américain Robert Forward propose, quant à lui, le projet Starwisp pour le début du XXIIe siècle. Il s'agit d'un filet intelligent de 28 grammes, d'un diamètre de 6 kilomètres et faisant office de caméra géante, composé de 100 billions de microprocesseurs sensibles à la lumière. Un satellite aux panneaux solaires de 10 kilomètres de long émet des micro-ondes concentrées par une lentille géante composée d'anneaux d'aluminium située à 48 000 kilomètres de la Terre... Un autre projet, encore plus ambitieux, le Ramjet, du physicien Robert Bussard, de Los Alamos, fonctionne en collectant son carburant durant son voyage. Il capture les atomes d'hydrogène qui parsèment l'espace à l'aide d'un entonnoir magnétique de plusieurs milliers de kilomètres de diamètre. Accélérés, ces atomes sont éjectés vers l'arrière du vaisseau, créant une poussée proche de 90 % de la vitesse de la lumière. Il faudrait cinq ans pour se rapprocher d'Alpha du Centaure, distante de 4,3 années-lumière, et 40 000 ans pour faire les 30 000 années-lumière qui nous séparent du centre de la galaxie.
Au-delà de la faisabilité non encore permise par nos moyens du début du XXIe siècle, réside un véritable problème de relativité dans le temps lorsque l'on approche la vitesse mythique de la lumière et que les hypothèses d'Einstein se vérifient. Quelques années de voyage pour les spationautes de ces vaisseaux du futur, des dizaines de milliers, voire des millions d'années écoulées sur Terre. Le ralentissement de ce type de vaisseau poserait cependant des problèmes non encore résolus théoriquement. La décélération ou accélération négative, pour être acceptée par l'équipage, devrait s'étaler dans le temps. À l'image du supersonique décollant de Paris et commençant sa descente et sa décélération juste après son décollage pour un atterrissage à Marseille. Une telle solution reste à l'étude. Un vaisseau de ce type semble donc plutôt destiné à un départ sans retour de notre système solaire. Un système d'évacuation d'urgence en cas de réchauffement soudain du Soleil ou d'explosion généralisée provoquée par l'homme ou par une météorite ?

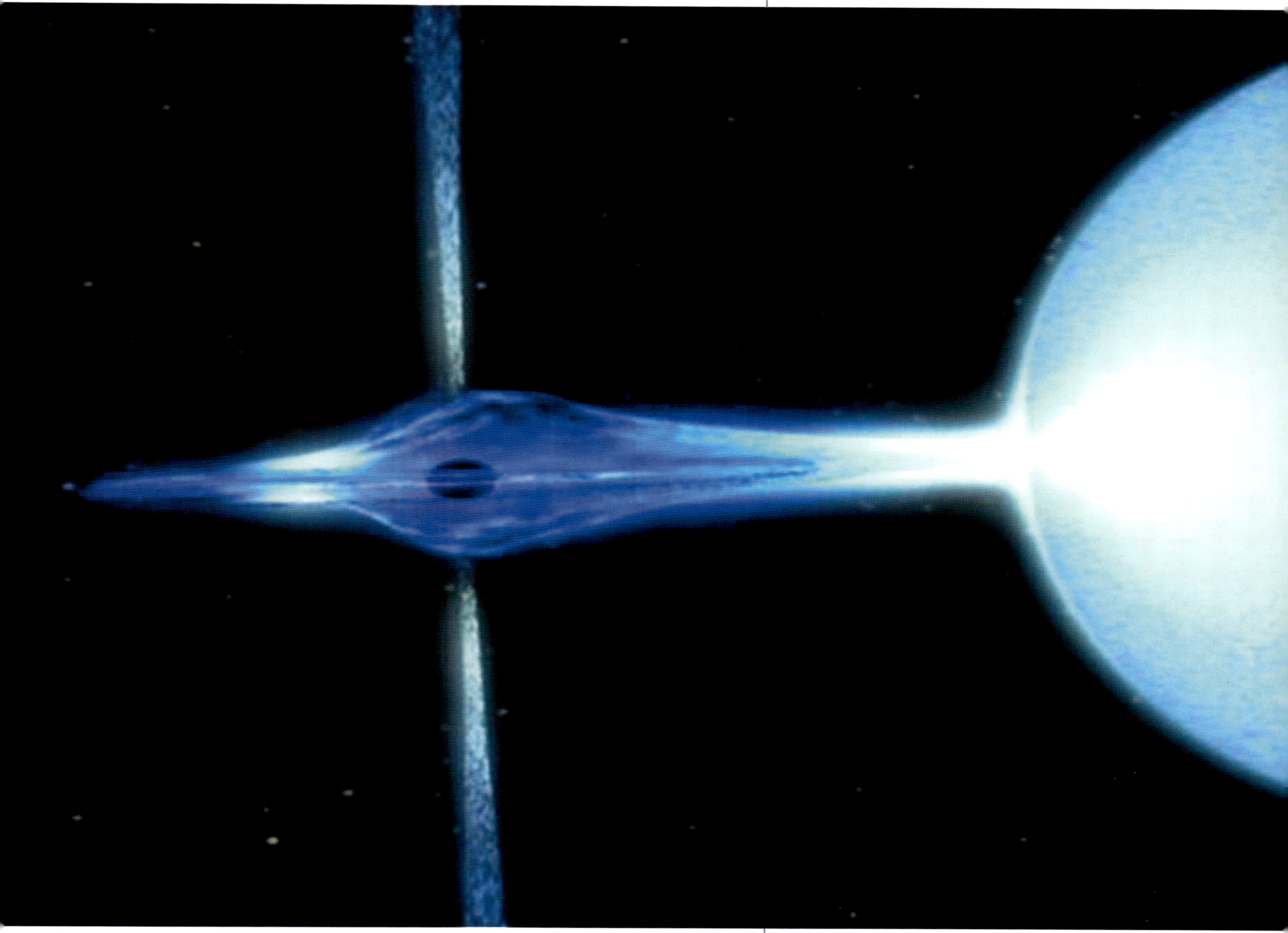

Image de synthèse simulant un trou noir en mouvement.
Les gaz qui s'en approcheraient prendraient la forme d'un disque tournoyant vers l'intérieur. Ils seraient absorbés puis éjectés à la vitesse de la lumière sous la forme de rayons verticaux.

POURQUOI NE PAS LAISSER FAIRE AUX MACHINES, AUX ROBOTS CE QU'ILS FONT MIEUX QUE NOUS ?

Envoyer l'homme dans l'espace est extrêmement coûteux et la prise de risque est maximale pour garantir le bon acheminement et la sécurité des spationautes en micro-gravité. Les risques encourus sont énormes comme en témoignent les divers accidents tragiques de l'histoire de la conquête spatiale. L'accident de Challenger, en janvier 1986, a ralenti les programmes spatiaux pour dix ans dans les pays occidentaux. En voulant jouer le symbole des civils dans l'espace, dont une institutrice, l'opération a probablement provoqué l'effet contraire de ce qui était recherché, une certaine normalisation, un accès définitif à la vie civile des développements spatiaux. De surcroît on n'est pas certain de la survie à long terme de l'homme dans le vide intersidéral. Les hommes, en quittant l'atmosphère terrestre protectrice, sont exposés à des bombardements de radiations cosmiques, de particules solaires, des variations de températures extrêmes, entre le zéro absolu (– 273° C) et plusieurs centaines de degrés. On estime que dans l'état actuel du progrès technologique, les sorties des spationautes dans le vide spatial ne doivent pas dépasser six à huit heures de suite. Très épuisante pour les spationautes – on a observé des pertes de 9 000 calories ! –, cette exposition aux rigueurs du vide absolu est extrêmement dangereuse car la probabilité d'être percuté par un objet spatial en pleine course augmente fortement. Une micro-météorite de quelques millimètres à 28 000 km/h transperce n'importe quel spationaute ! Le coût des équipements de protection des véhicules et spationautes n'en est que plus élevé. La microgravité a des conséquences à long terme sur le corps humain, conçu par la nature pour vivre avec une gravité de 1, celle de la Terre. Le sang monte vers les extrémités du corps, donnant au visage des astronautes une impression d'œdème, les muscles du bas du corps fondent très rapidement, le squelette se décalcifie, le transit intestinal est ralenti. Les missions de très longue durée organisées par les Soviétiques dans les années 1980 ont pourtant montré que le corps humain se rétablit étonnamment vite, même après plus d'un an en orbite.

Tout cela ne concerne cependant que des missions en orbite autour de la Terre, à 400 kilomètres du sol. Le retour sur Terre en cas d'urgence ne prendrait au maximum que quelques heures. Les missions beaucoup plus longues comme un voyage humain vers Mars posent des questions pour l'instant irrésolues. Comment nourrir quatre à six personnes pendant trois ans, durée du voyage aller et retour ? Et comment s'assurer que la psychologie des conquérants de Mars reste stable ? Des expériences comme Biosphere-II ont montré que la vie à plusieurs en vase clos est loin d'être évidente… Certains scientifiques, à l'instar du Français Claude Allègre, sont partisans du remplacement de l'homme dans l'espace par des sondes, des satellites entièrement automatisés, robotisés, se substituant à lui dans toutes ses fonctions. La solution est probablement plus sûre, moins coûteuse, plus efficace. Le risque serait essentiellement financier. Mais n'impliquant pas de risque humain, la conquête spatiale perdrait une grande part d'émotion. Peut-il y avoir un rêve sans émotion ?

25 décembre 1999. Le spationaute Claude Nicollier, de l'Agence spatiale européenne (Esa), travaille sur le télescope spatial Hubble.
Le vide absolu est sans cesse rayé de milliards de météorites croisant à une vitesse de plusieurs kilomètres par seconde, souvent de la taille d'un grain de sable mais suffisante pour transpercer un scaphandre de spationaute.

Mars, juillet 1997. La sonde Pathfinder libère le véhicule robotisé Sojourner devant le rocher Yogi dont il analyse la composition avec un spectromètre. Le robot pèse 9 kg et est alimenté par un panneau solaire. Un opérateur sur Terre décide de sa destination mais c'est Sojourner qui détermine son chemin.

LA CONQUÊTE SPATIALE DE DEMAIN, MINIATURISÉE, ROBOTISÉE, DÉSHUMANISÉE ?

La conquête spatiale lutte contre le poids et le volume en raison du prix considérable des lancements. De ce fait, depuis le début de la conquête spatiale, les ingénieurs cherchent à réduire les volumes des équipements embarqués et à automatiser au maximum des opérations complexes. La Nasa avec son programme *Better, Faster, Cheaper* (mieux, plus vite, moins cher) a favorisé le développement de petites sondes ou véhicules automatiques robotisés à l'image du succès retentissant de Pathfinder et Sojourner, petits véhicules robotisés ayant exploré Mars en 1997. Lancée en 1999, la sonde automatique Stardust doit collecter et ramener sur Terre de la poussière provenant de la queue de la comète Wild-2 qu'elle rencontrera en janvier 2004. De nombreux projets sont actuellement en cours de développement avec, comme objectifs, la vision, l'observation géométrique et la description de l'état de surface du terrain. Ainsi en 2003, Rocky-7, un véhicule robotisé de la Nasa, devrait retourner sur Mars. Un prototype de nouvelle génération avec vision stéréo, détecteur laser d'obstacle, contrôle du comportement et manipulateur d'échantillons. Un prototype dénommé Nanorover, de 20 centimètres de long, est également étudié par la Nasa pour l'exploration de petits corps spatiaux comme de toutes petites planètes ou des comètes. Ces engins spatiaux intégreraient les dernières évolutions technologiques en matière de miniaturisation et de robotisation. Pour après-demain, le MIT (Massachusetts Institute of Technology) et la Nasa envisagent la mise au point de robots autotransformables guidés par des programmes informatiques reconfigurables leur permettant de s'adapter à toutes les situations imprévues de l'exploration d'environnements inconnus.

Par ailleurs, les ballons en très haute altitude (*Near Space*) peuvent remplacer de petits satellites sur certaines missions, d'observation de la Terre en particulier. La Nasa travaille également sur des projets d'avions sans pilote pour des vols à très haute altitude et de très longue durée. Ainsi en est-il du projet Proteus aux ailes en tandem et propulsé par des moteurs Turbofan, ou du projet Helios, au sein du programme Erast d'avion solaire sans pilote capable de vols de plusieurs mois à très haute altitude (90 000 à 100 000 pieds), pour l'observation de la très haute atmosphère ou la transmission de télécommunications. Les mini-satellites semblent également représenter une voie d'avenir. Plus légers, plus robustes, plus simples, ils font partie des constellations, véritable avenir des programmes de satellites de communication. L'Agence spatiale espagnole travaille ainsi sur Minisat-1 et 2, d'une charge utile maximale de 300 kg, contre plusieurs tonnes pour les gros satellites de télécommunication.

La miniaturisation concerne enfin un domaine scientifique majeur : la micro-nanotechnologie pour l'espace, particulièrement étudiée par l'Esa. Cela concerne les puces électroniques, les calculateurs, l'avionique, les systèmes de propulsion. L'Esa travaille au développement de nano-satellites ou de micro-véhicules comme Micros, véhicule autonome d'inspection de la Station spatiale internationale (ISS). Une petite boule de 24 centimètres de diamètre. Ou encore Manta, sorte de mini-hélicoptère robotisé qui pourrait survoler et filmer la surface de Mars dans un rayon de 30 kilomètres. La Nasa envisage, quant à elle, pour des missions scientifiques complexes, l'envoi de constellations intelligentes de nano-satellites communiquant entre eux, à l'image des neurones...

Ailes en tandem

Ailes d'avion aux formes, inclinaisons et mouvements strictement parallèles.

Moteurs Turbofan

Moteurs avec une nouvelle génération d'hélices dont la disposition particulière des pales, en vis sans fin, démultiplie le rendement.

Projet de Geoffroy Cramailh pour une serre spatiale destinée à l'autosubsistance lors de missions de très longue durée.

FAUT-IL CRÉER DES CONDITIONS DE VIE AILLEURS ? EN PARTICULIER SUR MARS ?

L'exploration et l'exploitation de la planète Mars ne présenteraient d'intérêt réel, en dehors de la connaissance scientifique pure, que si cela menait à terme à la modification de l'atmosphère martienne. Une transformation qui porte le nom de terraformage. Il s'agit de susciter le réchauffement de la surface martienne par un effet de serre provoqué, libérant l'énorme quantité de CO^2 que devraient contenir les roches martiennes. Pour ce faire, l'homme explorateur-exploiteur construirait d'énormes usines dégageant des milliards de tonnes de gaz Chlorofluorocarbone (CFC) dont l'efficacité sur l'effet de serre a déjà été vérifié sur la Terre... En cent ans, apparaîtrait alors sur Mars une atmosphère à la température de quelques degrés au-dessus du zéro Celsius. En 2150, on devrait donc observer sur Mars une pression et une température supportables par l'homme sans scaphandre, mais avec un masque à oxygène. Mars, une nouvelle destination de vacances ?
Dans un deuxième temps, un énorme miroir spatial de 125 kilomètres de diamètre concentrerait les rayons du Soleil sur des plaques de glace, les liquéfiant et préparant les conditions primaires de la vie organique. Enfin, une troisième phase de près de neuf cents ans verrait l'introduction de plantes génétiquement modifiées pour vivre sans oxygène. Avec la participation d'usines complémentaires de dégagement d'oxygène et d'azote, ces plantes produiraient les gaz indispensables à la création de l'air, oxygène le jour et gaz carbonique la nuit. D'ici là, on aura probablement trouvé les moyens de réguler l'équilibre de tous les gaz pour transformer la planète Mars en espace colonisable par l'homme d'ici à l'an 3000, au début du XXXIe siècle. Cette échelle de dix siècles (1 000 ans) n'est plus une utopie ; elle a la même valeur que les calculs savants nous prédisant, selon les experts, un rapprochement ou un éloignement du Soleil, à l'horizon de l'an 300 000, c'est à dire vers le MMM^{e} siècle.

20 juillet 1969. Edwin "Buzz" Aldrin pose à côté de la bannière étoilée plantée au nom de l'humanité. Il est le deuxième homme à marcher sur la Lune, après Neil Armstrong qui l'a précédé de quelques minutes, lors de la mission Apollo-11.

À QUI LE POUVOIR DANS LES NOUVEAUX TERRITOIRES NON TERRESTRES CONQUIS PAR L'HOMME ?

Il apparaît légitime de se demander comment l'homme gérera et organisera les nouveaux territoires à conquérir, qu'ils soient réels, aux confins du système solaire, ou virtuels, tels qu'on les a appréhendés dans des univers parallèles ne répondant pas aux lois physiques que nous connaissons. Appliquera-t-on des principes de gouvernement calqués sur les méthodes traditionnelles de colonisation généralement utilisées par les puissances au cours des siècles passés ? Domination par la force, imposition du système social et culturel du moment sur Terre ou, au contraire, réussira-t-on enfin à respecter l'environnement et la spécificité du lieu, de même que les éventuelles formes de vie découvertes ?

Restent toutes ces questions sans réponse : À qui appartient l'espace ? Peut-on posséder l'espace et les planètes, les astéroïdes, les étoiles, le ou les univers ? Doit-on parler de patrimoine de l'humanité ? Doit-on parler d'extensions territoriales de la planète Terre dans son ensemble en s'inspirant du principe des eaux territoriales bordant les territoires nationaux ? La Terre est-elle ou doit-elle devenir un territoire, une entité juridique ?

Va-t-on vers la création d'une "noosphère", une sphère de pouvoir à l'échelle globale qui régirait l'ensemble des organisations internationales ? Si la technologie continue à progresser, d'ici à quelques années, on pourra envisager de véritablement changer de dimension. En effet, les progrès de la biotechnologie et de la miniaturisation au travers des micro-nano-technologies devraient mener à une confusion entre une perception artificielle et une perception réelle. Branchées directement dans le cerveau, avec projection sur la rétine, des connections homme-machine donneront l'impression du réel à un monde virtuel généré par un ordinateur, et transformeront les intentions humaines en informations numériques, et réciproquement. Tout devient alors possible : présence simultanée de nos avatars (doubles numériques) dans plusieurs espaces, réalité déformée selon la volonté humaine, création d'autres dimensions, d'autres mondes. L'homme pourra, au travers de ses extensions, percevoir ce que sont les cinquième, sixième, septième dimensions. Les perceptions du réel et du virtuel seront indissociables, confondues. Et ceux qui rejetteront cette hypertrophie de la perception seront alors relégués dans la triste réalité de la quatrième dimension, sans autre fuite possible que la fin de la vie réelle, c'est-à-dire la mort. Car dans le monde virtuel, la vie n'a plus de sens et les avatars peuvent réapparaître, créatures virtuelles dont la matrice humaine aurait disparu, ectoplasmes virtuels errant d'ordinateur en ordinateur... Fantasme de science-fiction ou futur probable ?

#4

Vers un nouveau cycle spatial

L'espace des prochaines années
vu par les grandes agences spatiales internationales.

Le projet pharaonique de la Station spatiale internationale (ISS) nécessite la collaboration et la cohésion des grands États de la conquête spatiale : États-Unis, Europe, Brésil, Canada, Japon, Russie.

LA NASA VOIT ROUGE

La Nasa (National Aeronautics and Space Administration) a été créée le 1er octobre 1958, à la suite de la crise de confiance suscitée aux États-Unis par le succès du Spoutnik soviétique l'année précédente. Elle commença immédiatement à travailler sur différents projets de vols habités avec les succès progressifs des programmes Mercury et Gemini. Elle trouvera sa légitimité et deviendra presque dénomination générique de conquête spatiale pour tout le monde occidental avec le triomphe de communication du programme Apollo. La Nasa est paradoxalement très américaine et très administrative. Elle a le goût de la conquête, de la recherche de Far West perpétuels, d'une certaine vision messianique. Ce qui est bon pour l'Amérique est bon pour le reste du monde. Mais la Nasa est une administration souvent considérée comme dépensière par les gouvernants américains. Alors que le programme Apollo avait porté au firmament la compétence et l'audace américaines, le budget de la Nasa était restreint et la guerre du Vietnam passait au premier plan dans la tête du Congrès américain. Le plus intéressant, la victoire d'image dans la Guerre froide, n'était-il pas acquis ? La Nasa n'envoya que douze hommes sur la Lune puis s'intéressa au laboratoire spatial Skylab, aux sondes automatiques vers Mars ou les confins de l'Univers. Quand l'exploit humain manque, la Nasa se tourne vers la science.
La politique s'en mêla à nouveau et eut lieu alors le double exploit, à la fois technique et pacifique, de la rencontre en orbite, en 1975, entre une capsule Apollo et un vaisseau Soyouz. Puis le programme de la navette spatiale, premier véhicule spatial réutilisable, commença en 1981 avec la volonté de banaliser les séjours dans l'espace. Mais l'accident de la navette Challenger, en janvier 1986, ralentit brutalement le

progrès spatial américain jusqu'à la construction de la Station spatiale internationale (ISS), grand retour de l'aventure spatiale humaine civile. Si le Congrès et l'Administration américaine laissent faire… Car la Nasa a l'art de faire déraper les budgets comme en témoigne l'explosion des coûts des missions martiennes ou de l'ISS, programme qui devrait coûter douze fois son devis initial ! Mais la Nasa possède l'art de se rendre séduisante et bien sûr raisonnable. Le très médiatique administrateur du début des années 2000, Daniel Goldin, n'a-t-il pas lancé le programme *Better, Faster, Cheaper* (mieux, plus vite, moins cher), avec des réussites variées, il est vrai… La plupart des programmes spatiaux américains sont en retard au début du XXIe siècle.
Avec un budget cinq fois supérieur à celui de l'Europe spatiale pour une population inférieure, la Nasa domine cependant la conquête spatiale au début de ce siècle. Elle peut financer cinq grands axes de recherche : les vols habités ; les technologies et sciences aéronautiques ; toutes sortes de missions scientifiques ; des recherches biologiques et physiques ; des sciences de la Terre. La Nasa est surtout une formidable machine de communication qui mêle savamment fond scientifique sérieux, divertissement et rêve. La Nasa sait rendre l'espace accessible à tous les niveaux, de l'éducation des enfants à l'amateur passionné qui peut même télécharger les plans des vaisseaux spatiaux américains pour en réaliser d'éventuelles maquettes ! La Nasa sait ouvrir ses missions en direct aux téléspectateurs et aux internautes qui peuvent y participer, principe élémentaire d'adhésion populaire. La Nasa soutient et encourage des recherches dans toutes les directions, de la science-fiction pure aux pragmatiques retombées dans la vie quotidienne des technologies spatiales. La Nasa n'a pas peur de la contradiction et propose même depuis son site des liens vers les sites qui la contestent et qu'elle n'hésite pas à appeler *Bad Astronomy*, c'est-à-dire n'importe quoi. La Nasa mène une véritable politique de marque avec logotype pour chaque activité et produit dérivé. La Nasa possède enfin un formidable et gigantesque réseau de sites Internet à la dimension de son besoin de séduction du monde entier mais surtout des contribuables américains. Dans la première décennie du XXIe siècle, la Nasa rêve ainsi de Mars et d'exobiologie, de biomimétisme, de surveillance de l'écosystème… Car la Nasa essaie toujours d'être en accord avec les préoccupations du moment.

Ariane-5 sur son pas de tir, à Kourou, en Guyanne française. Le lanceur européen garde une position dominante sur le marché de la mise en orbite de satellites lourds.

L'AGENCE SPATIALE EUROPÉENNE (ESA) EST PACIFIQUE ET PRAGMATIQUE

L'idée de créer une puissance indépendante traitant les problèmes spatiaux en Europe remonte au début des années 1960 avec, à l'origine, six États membres – Belgique, France, Allemagne, Italie, Pays-Bas, Grande-Bretagne –, associés à l'Autriche au sein de l'Eldo (European Launcher Development Organization), dans le but de développer et construire un système de lancement fiable.Depuis cette date, les membres fondateurs ont été rejoints par la Norvège, la Finlande, le Danemark, l'Irlande, la Suède, l'Espagne, la Suisse et, très récemment, le Portugal en plus de la participation, à titre de coopération, du Canada afin de créer l'Agence spatiale européenne, l'Esa.
L'Agence spatiale européenne a pour rôle de « ...développer et promouvoir, à des fins exclusivement pacifiques, la coopération entre les États membres dans le domaine de la recherche technologique spatiale et de ses applications dans le domaine spatial, dans le but de leur utilisation pour des besoins scientifiques et des systèmes d'applications spatiales opérationnels ». La convention de l'Esa a donc pour mission de définir et de mettre en œuvre une politique spatiale européenne à long terme permettant à l'Europe de maintenir et renforcer sa compétitivité dans le domaine des technologies spatiales. L'Esa a aussi vocation à encourager la coopération avec différents partenaires au travers d'un partage de ressources afin d'augmenter l'efficacité de ses programmes. La stratégie de l'Esa s'articule autour de quatre éléments clés que sont la poursuite de la connaissance scientifique ; l'amélioration de la qualité de vie sur Terre ; la coopération européenne ; la promotion du tissu industriel européen.
Les activités de l'Esa couvrent ainsi les domaines de la science, de l'observation de la Terre, des télécommunications, des plates-formes et stations en orbite, de l'infrastructure au sol, de la recherche en microgravité et des systèmes de transport spatiaux. Le budget total de l'Esa est de l'ordre de 3 milliards d'euros par an (chiffre 2001). Les programmes de l'Esa sont soit obligatoires, auquel cas chaque État membre contribue au prorata de son Produit intérieur brut, soit optionnels et dans ce cas les États membres participent en fonction de leur intérêt. À titre d'exemple, le programme scientifique et le programme technologique de base sont obligatoires, le programme de navigation, le programme lanceurs (Ariane), le programme de la Station spatiale internationale sont optionnels. L'Esa qui est, à la base, une organisation de recherche et de développement gérant l'argent public européen, a aussi une politique industrielle qui vise à encourager la compétition et à assurer à chaque État membre un retour géographique convenable. Sa mission est aussi de promouvoir une bonne répartition des bénéfices liés aux transferts de technologies. L'Europe spatiale sait enfin quelquefois entretenir le rêve à sa manière. En 2000, une œuvre d'art spatiale, dénommée *Alma da Agua,* a été envoyée pour commémorer la création de l'Agence spatiale portugaise. La conquête du cœur...

L'EUROPE, À LA TÊTE DES LANCEMENTS SPATIAUX COMMERCIAUX, EST DEVENUE UN VÉRITABLE "SOUTIER" DE L'ESPACE

Le programme de lanceurs de satellites de l'Esa est devenu certainement l'un des plus gros succès de l'histoire de l'espace. Ce n'est qu'en 1973 que les Européens, confrontés à une dépendance totale par rapport aux États-Unis dans la mise en orbite de leurs satellites, décident d'unir leurs efforts afin de développer un lanceur fiable assurant à l'Europe spatiale son indépendance dans la mise en place de satellites. La suite est connue et, la taille des satellites croissant, Ariane-1 devait céder la place, dès 1984, à des versions plus puissantes, Ariane-2 et 3 puis Ariane-4 dès 1988. Ariane-4, référence absolue en termes de fiabilité et d'adaptabilité, offre une charge utile de 2 à 4,9 tonnes sur orbite de transfert géostationnaire. Un total de quarante-cinq tirs consécutifs réussis sont à porter à son crédit. Ariane-5 fut conçu dans la lignée des précédents lanceurs afin de permettre à l'Europe de maintenir sa position de leader au niveau mondial avec près de la moitié du marché mondial. Référence mondiale en termes de lanceurs lourds, Ariane-5 s'attaque au marché avec une capacité commerciale de 6,5 tonnes sur orbite géostationnaire. L'Europe, grâce à la France, possède à Kourou, en Guyane française, un pas de tir fort bien situé car très proche de l'Équateur, là où la vitesse de rotation de la Terre est maximale et le plus proche possible d'une orbite géostationnaire. De plus, le dessin des côtes de la Guyane autorise des tirs en direction de toutes les orbites utiles. Les installations des sites de lancement permettent de surcroît d'assembler et de préparer deux missions différentes simultanément. L'Europe mène donc le jeu des lancements commerciaux au début du XXIe siècle. Les différentes versions et configurations d'Ariane-5 doivent permettre aux Européens de répondre à des besoins toujours plus diversifiés allant du déploiement de constellations de satellites à l'approvisionnement de la Station spatiale internationale (ISS), en passant par la mise en orbite géostationnaire de très gros satellites, ou l'exploration planétaire au sein de notre système solaire. Les versions futures du programme Ariane-5 Plus devraient permettre à l'horizon 2005 d'arracher à la pesanteur terrestre une capacité embarquée de 11 tonnes et plus.

La nécessité par ailleurs de répondre à l'attente du marché international d'une mise en orbite de petites charges utiles de moins de 700 kg a amené l'Esa à développer le futur petit lanceur Vega destiné au lancement en orbite basse (LEO – Low Earth Orbit). L'Europe met également au point l'ATV (Automated Transfer Vehicle), véhicule sans équipage et à guidage automatique lancé par Ariane-5, environ tous les douze mois, qui sera utilisé comme une navette ravitaillant l'ISS, avec une charge utile de 9 tonnes, composée de 4 tonnes d'ergols, et de 5 tonnes de nourriture, charges utiles, éléments de soutien de vie… L'ATV pourra rester amarré pendant six mois au maximum à l'ISS et est équipé de moteurs permettant de rehausser l'orbite de la station et de compenser ainsi les effets de l'atmosphère terrestre, de la pression solaire qui ont tendance à abaisser cette orbite. Un centre de contrôle européen coordonnera, avec le centre de contrôle de la station spatiale de Houston et le centre de contrôle russe de Moscou, les manœuvres automatiques d'approche et d'accostage. En fin de vie utile, chaque ATV sera chargé des déchets accumulés à bord de la station spatiale puis envoyé sur une trajectoire qui le détruira lors de son retour dans l'atmosphère terrestre.

ARIANE-5

Pour lancer des satellites commerciaux de plus en plus lourds, les Européens ont construit un nouveau lanceur, Ariane-5. Cette fusée est capable de mettre en orbite géostationnaire des satellites d'une masse totale de 6,8 ou 20 tonnes en orbite basse (entre 200 et 600 km d'altitude). Pendant les deux premières minutes de vol, l'essentiel de la puissance est donné par deux énormes propulseurs à poudre qui se détachent ensuite, laissant le moteur Vulcain achever la satellisation.

Ariane-5 mesure 51,37 mètres de haut.

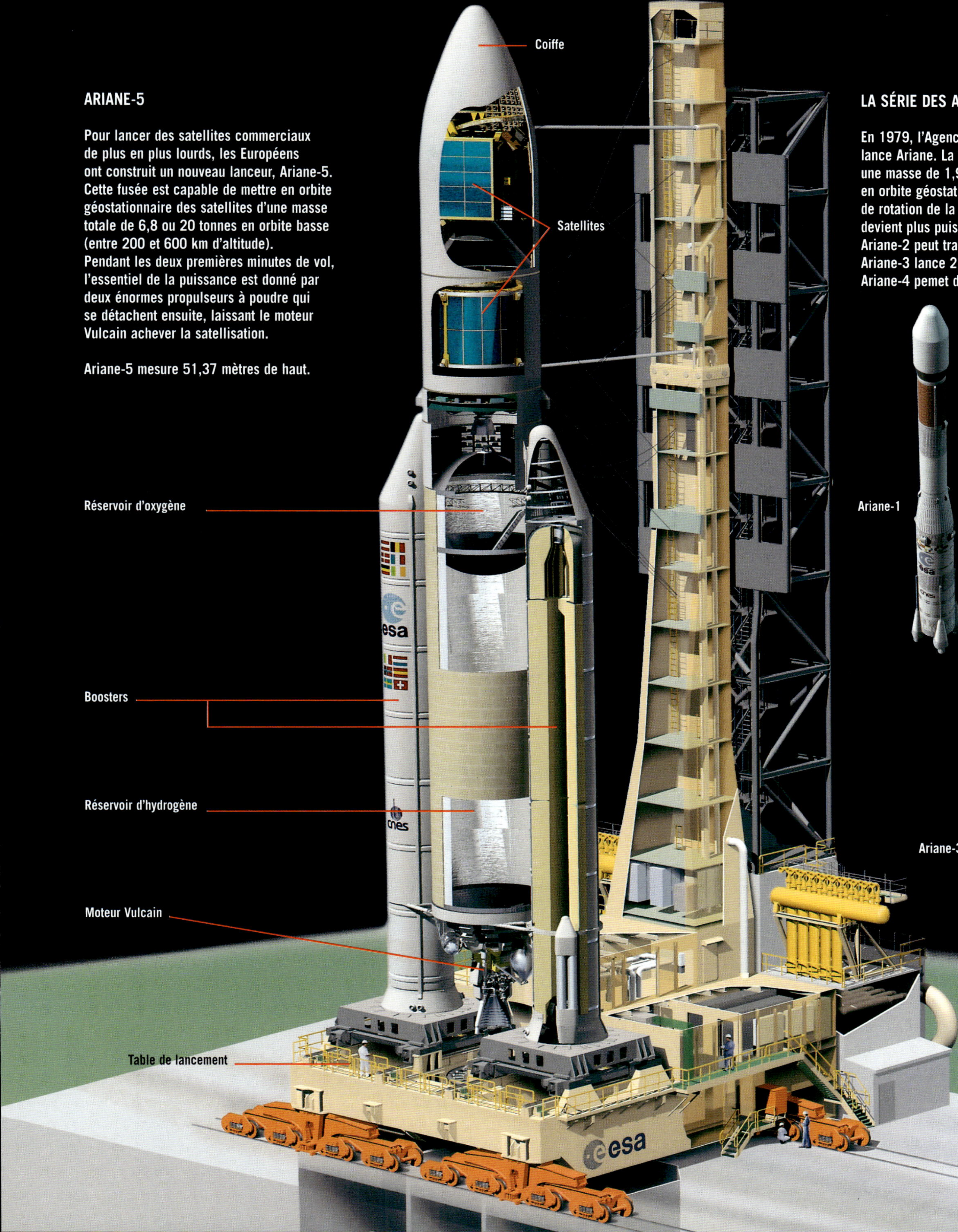

LA SÉRIE DES ARIANE

En 1979, l'Agence spatiale européenne (Esa) lance Ariane. La fusée, capable de transporter une masse de 1,935 tonne, met des satellites en orbite géostationnaire (en suivant le mouvement de rotation de la Terre). Ce lanceur commercial devient plus puissant au fil des ans. En 1984, Ariane-2 peut transporter 2,275 tonnes. En 1986, Ariane-3 lance 2,650 tonnes. À partir de 1988, Ariane-4 pemet d'emporter une masse de 4,730 tonnes.

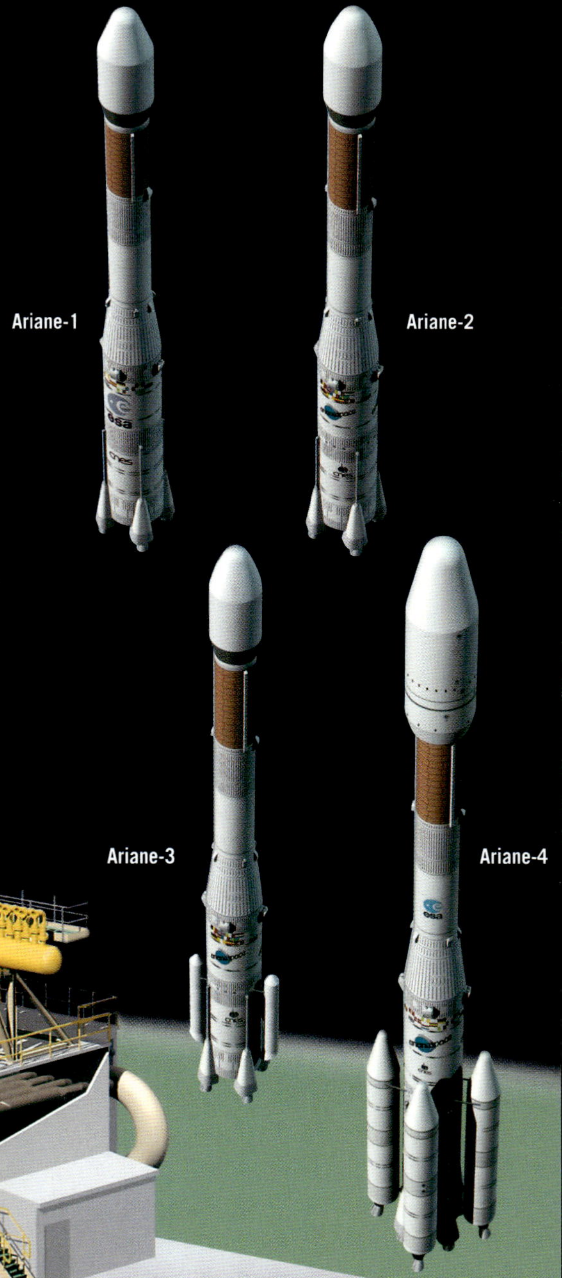

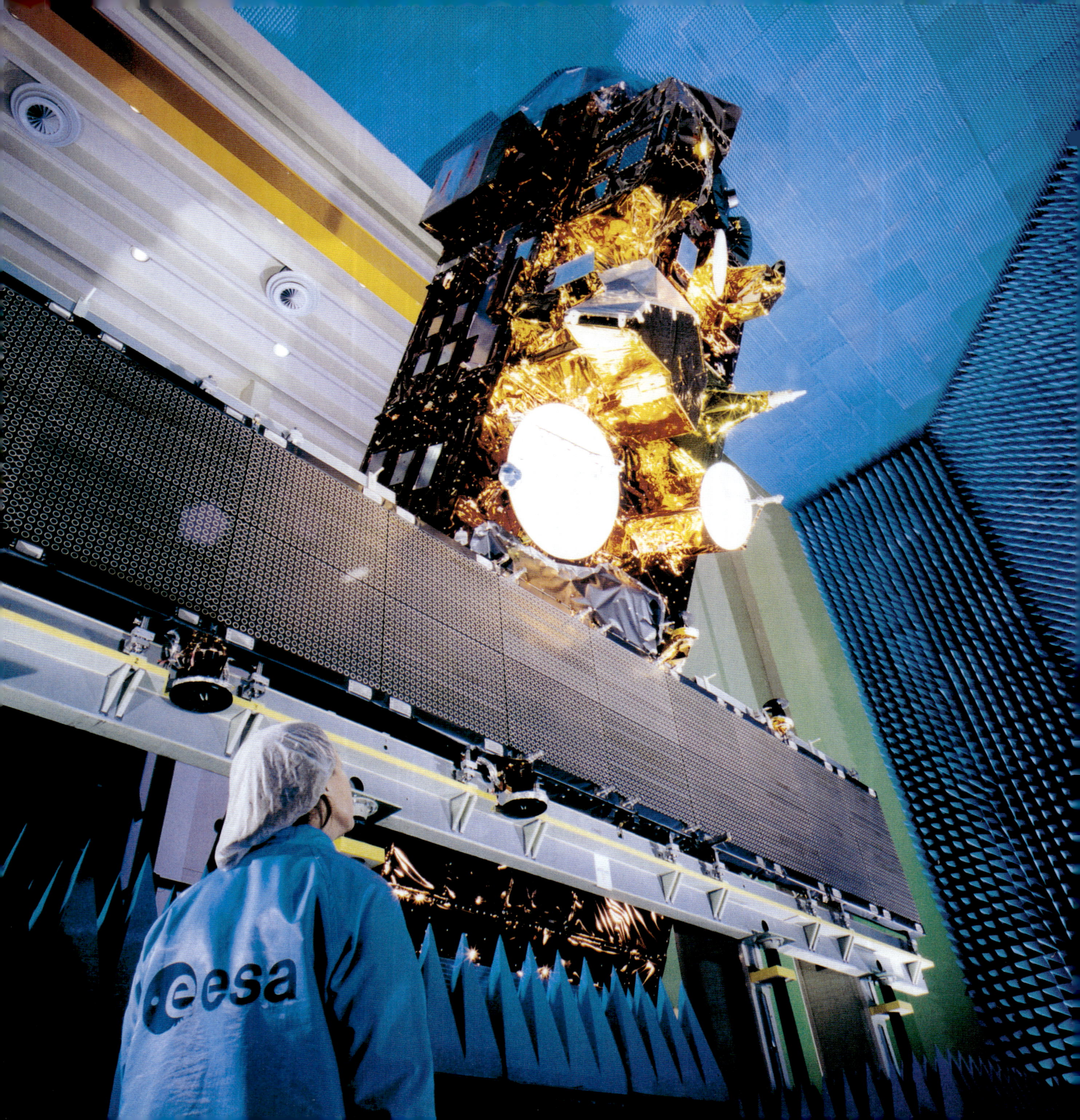
esa

Envisat, lancé en 2001 par Ariane-5, est un satellite d'observation de la Terre, qui va largement améliorer le niveau et la fiabilité des mesures de l'atmosphère, des océans, des terres et des glaces. Son potentiel dépasse de loin celui de tous les satellites d'observation de la Terre lancés jusqu'à présent.

L'EUROPE ET SES SATELLITES AU SERVICE DE LA TERRE ET DE SES HABITANTS

Notre Terre est et sera de plus en plus entourée de plus en plus de satellites à différentes altitudes, tout comme un atome de plus en plus lourd et son cortège d'électrons. Plus pragmatiquement, nous aurons de plus en plus besoin de relais volant au-dessus de nos têtes, avec des missions de plus en plus spécifiques et des prix de plus en plus compétitifs.

Les besoins prioritaires concernent les télécommunications, la navigation, la météorologie et l'observation des phénomènes naturels. Même si les programmes de constellations de petits satellites pour téléphonie directe du projet Iridium ou Globalstar n'ont pas encore connu le succès prévu à la fin du XXe siècle, en raison du coût prohibitif du matériel et des communications, et peut-être aussi de la réalité de la demande du marché, ils devraient trouver sans peine d'autres usagers et d'autres usages au cours du XXIe siècle, le besoin de réseaux étant croissant avec le développement de tous les systèmes de télécommunications. Ne serait-ce, par exemple, que pour le repérage et le positionnement géographique (type GPS) des moyens de transport collectifs et, de plus en plus, individuels. C'est dans cette optique qu'est développé le programme Galileo-Sat, en coopération avec l'Union européenne, pour le téléguidage ou la navigation des moyens de transport à Terre, sur mer et dans les airs. La télémédecine et le télé-enseignement disposeront également de réseaux spatiaux. Les satellites scientifiques d'observation de la Terre seront également de plus en plus nombreux, indispensables à la poursuite des recherches scientifiques de compréhension des phénomènes climatiques, des intempéries, voire des catastrophes. Ainsi a été adopté le programme européen "Planète vivante" d'étude de l'environnement depuis l'espace. Avec le lancement de véritables monstres spatiaux comme Envisat au deuxième semestre 2001, satellite devant prendre le relais des ERS-1 et ERS-2, lancés respectivement en 1991 et 1995. Il utilisera un système radar comme les deux satellites précédemment cités afin de créer et transmettre des images détaillées de la surface de notre globe. Il semble en effet indispensable en matière de recherche scientifique de mettre en œuvre, à terme, les mêmes moyens pour les sciences de la Terre que pour les sciences de l'Univers, richement dotées en particulier par les Américains.

LA COMPRÉHENSION DE L'UNIVERS, UNE PRIORITÉ DE L'ESPACE EUROPÉEN

C'est le désir permanent de comprendre notre Univers, les étoiles qui le peuplent, les planètes qui le composent au-delà de notre système solaire et la quête ultime des origines de la vie, qui ont forgé le programme scientifique de l'Esa tout au long de ses trentes années d'existence. Un des aspects les plus spectaculaires de cette recherche de nos origines est nul doute la rencontre orchestrée entre des satellites scientifiques et les comètes. Outre l'attraction manifestée de tout temps par les hommes sur ces objets célestes revenant dans certains cas avec une précision de métronome s'offrir à nos yeux, c'est la mémoire de l'Univers qu'ils pourraient receler sous leur surface. Après le fantastique succès de 1986 et la mission Giotto lancée à la poursuite de la comète de Halley, ce sera au tour de Rosetta, lancée en 2003, de se mettre en orbite autour de la comète de Wirtannen, en 2011. L'Esa maintient son avance dans l'étude du Soleil. La mission Ulysse, lancée en 1990, en a croisé deux fois les pôles, ce qu'aucune sonde n'avait fait auparavant. Soho, lancée en 1995, envoie des images de l'atmosphère solaire. Les quatres satellites de Cluster-2, lancés en 2000, donnent des images en trois dimensions de l'environnement de la Terre, témoignant des effets des éruptions solaires sur le champ magnétique qui nous enveloppe. L'exploration des autres planètes du système solaire est également un objectif de l'Esa. La sonde Huygens embarquée dans le vaisseau de la Nasa Cassini, sera parachutée en 2004, au dessus de Titan, lune de la planète Saturne, devenant alors la pose (l'"atitanissage") la plus lointaine jamais réalisée par un objet fabriqué par l'homme. Cette mission devrait apporter elle aussi des briques à l'édifice de notre compréhension de la création de notre Univers et par là même, de la vie. Ce sera au tour de Mercure, planète la plus proche du Soleil, d'être auscultée grâce à la mission Bepi Colombo. La Lune sera elle aussi la destination d'une mission de l'Esa via Smart-1 qui, en 2002, démontrera l'utilisation de la propulsion électrique dans l'exploration du système solaire. Mars Express quant à lui, devrait être lancé en 2003 et devrait permettre une observation plus précise de la surface de la planète rouge et y faire déposer en douceur un petit véhicule Beagle-2. First, dont la date de lancement est prévue pour 2007, observera dans l'infrarouge des longueurs d'onde qui pourraient nous renseigner encore davantage sur les origines des galaxies. Les théories du Big-Bang devraient recevoir de nouvelles confirmations ou infirmations au travers des informations fournies par Planck, à partir de 2007. En effet, les micro-ondes radio étudiées pourraient être un résidu des étapes à l'origine de l'Univers. L'Esa étudie aussi, au travers de la mission Gaia, la possibilité de cartographier de façon encore plus précise qu'Hipparcos, lancé en 1989, la Voie lactée. Les ondes gravitationnelles seront quant à elles étudiées durant la mission Lisa confirmant alors la théorie d'Einstein.

Ondes gravitationnelles

Ondes quantiques
(de composition élémentaire),
équivalentes aux ondes
électromagnétiques comme
la lumière ou les rayons X
qui perturbent un champ gravitationnel,
véhiculant l'énergie ou l'information
qui leur a été transmise.
La pesanteur est un champ gravitationnel.

Mission X-ray Multi Mirror (XMM) de spectroscopie des rayons X. Grâce à l'assemblage de cinquante et un miroirs finement ciselés, ce télescope est le plus sensible aux rayons X qui soit. La mission emportera trois télescopes de ce type (vue d'artiste).

LA POLITIQUE SPATIALE EUROPÉENNE DONNE LA PRIORITÉ AU TRANSFERT DE TECHNOLOGIES SPATIALES VERS LES APPLICATIONS TERRESTRES

Le programme de Recherche et Développement technologique de l'Esa est un élément stratégique essentiel à toute aventure spatiale commerciale ou non.

La disponibilité des technologies indispensables à la conduite des programmes spatiaux européens est un facteur clé dans la sécurisation de l'indépendance et de la compétitivité du tissu industriel et académique européen. La R&D technologique est aussi un élément primordial dans l'implémentation d'une stratégie globale pour l'Europe spatiale. L'Europe a investi plus de 150 milliards d'euros depuis trente-cinq ans dans le développement des programmes spatiaux et de leurs technologies. Cet investissement, principalement coordonné au travers de l'Esa et des agences nationales (Cnes, DLR, ASI, CDTI, SSTC...), a permis la création d'un tissu industriel compétitif au niveau mondial dans les domaines, entre autres, des lanceurs et des satellites. Les résultats et retombées les plus évidents des différents programmes spatiaux européens font tellement partie intégrante de la réalité économique, sociale et scientifique de notre société qu'il y a une tendance manifeste à en oublier l'origine d'un côté et les multiples bénéfices qu'ils ont générés de l'autre. Il devenait donc important de redynamiser les actions de promotion des technologies développées dans le cadre de programmes spatiaux par des entreprises, laboratoires, universités européens. L'objectif avoué étant l'intégration desdites technologies dans une économie de marché toujours à l'affût des dernières innovations et ruptures technologiques.

Aujourd'hui les résultats sont éloquents quant à l'impact économique du programme de Transfert de technologies de l'Agence spatiale européenne. Plus de 100 transferts ont été réalisés au travers de l'action de l'Esa générant, du côté des offreurs de technologies spatiales et du côté des industriels ayant adopté les technologies spatiales, plus de 130 millions d'euros avec une projection de l'ordre du milliard d'euros à l'horizon 2004 ! Le programme de transfert de technologies mis en place par l'Esa a démontré non seulement la réalité du transfert mais aussi l'importance de l'impact économique qu'il génère. Au-delà des réticences maintes fois exprimées tant du côté du monde spatial que du côté du tissu industriel non spatial, il a été possible de promouvoir cette idée de *Spin-Off*, si bien acceptée outre-Atlantique. Du mythe de l'inaccessibilité des technologies high-tech venant des programmes spatiaux à la réalité des transferts technologiques et à la captation de nouveaux marchés, il y avait un grand pas que l'Esa s'est efforcé de franchir. Aujourd'hui, les mécanismes mis en place sont appelés à évoluer mais le tissu industriel ne doit plus avoir peur de regarder les solutions "spatiales" pour ses problèmes très "terre à terre". Ainsi le programme de Transfert de technologies de l'Esa a-t-il permis l'emballage de chips de pommes de terre sans dommage grâce à la modélisation des problèmes d'écoulement aérodynamique des engins spatiaux à l'atterrissage !

Transfert de technologie

Transfert d'une technologie développée pour une application spécifique, par exemple l'industrie spatiale, vers un autre domaine d'activité, apportant une véritable valeur ajoutée, une performance optimisée à l'application nouvelle ayant bénéficié du transfert.

L'Etna.
Visualisation du dégonflement du volcan en fin d'éruption par interférométrie différentielle. L'image est obtenue par comparaison de deux images du radar ERS-1, prises à un an d'intervalle. Un modèle numérique de terrain est également utilisé. Chaque cycle de couleur correspond à un dégonflement de 3 centimètres. Le sommet s'est dégonflé de quatre cycles, soit 12 centimètres. Le dégonflement s'atténue sur les flancs et n'est plus que de 6 centimètres à la base du volcan.

La Station spatiale internationale (ISS). Composition d'artiste de la station au lever du Soleil. Opérationnelle dès 2003, l'ISS sera alimentée par 400 mètres carrés de panneaux solaires. En permanence, six spationautes y séjourneront pour étudier les effets de la microgravité sur la matière vivante.

L'ISS OU LA NÉCESSAIRE COOPÉRATION INTERNATIONALE

Les grandes missions seront de plus en plus coûteuses et imposeront une collaboration entre toutes les nations pour être menées à bien. Fruit d'une collaboration entre les États-Unis, l'Esa, le Brésil, le Canada, le Japon et la Russie, la Station spatiale internationale (ISS) sera la structure la plus grande jamais construite en orbite. Sa taille devrait être de l'ordre d'un terrain de football (108 mètres de long, 74 mètres de large), 450 tonnes en orbite à 400 kilomètres de la Terre. En 2003-2005, l'ISS sera ainsi complètement opérationnelle. Reliquat d'un projet très ambitieux, elle a vu sa taille se réduire d'un grand projet à double poutre lancé en fanfare en 1984 par Ronald Reagan en super station Mir... Alors que son budget etait de 8 milliards de dollars pour une construction terminée en 1992, elle sera achevée, si tout va bien, en 2006, avec un dépassement budgétaire considérable puisqu'il faudra, selon le Congrès américain, près de 94 milliards de dollars en intégrant les frais d'exploitation pour maintenir la station en état de marche jusqu'en 2012 ! Cette station a cependant le mérite d'exister et de véritablement relancer la conquête spatiale, et ce dans un but pacifique reposant sur la coopération entre tous les États, initiée dès 1988 avec la fourniture par l'Europe et le Japon de laboratoires scientifiques. La coopération internationale prend une dimension supplémentaire au début des années 1990 quand les Américains invitent les Russes à partager leur expérience unique de missions en orbite de très longue durée menées à bord de la station Mir.

L'Europe doit donc fournir le laboratoire Columbus qui sera intégré à l'ensemble en 2004, et l'ATV, véhicule automatique de ravitaillement de la station en nourriture, charges utiles, éléments de soutien de vie... L'Europe collabore également avec les Américains sur le CRV (Crew Return Vehicle), navette réutilisable de retour d'urgence sur Terre. Qui sera peut-être une capsule Soyouz ou une évolution du projet européen Hermes, si les réductions budgétaires américaines l'imposent... Le module pressurisé Columbus pourra recevoir chaque année quelque 500 expériences dans différents domaines tels que la science des matériaux, la biologie, la médecine... La science en général et l'industrie devraient profiter largement de la mise en place de l'ISS.

L'impesanteur ou l'absence de gravité autorise une croissance cristalline théoriquement exempte des défauts liés à la gravitation terrestre où l'empilement moléculaire à partir d'une certaine taille des cristaux semi-conducteurs perd de sa perfection, condition *sine qua non* d'un composant électronique de haute qualité. Elle autorise aussi une approche des états critiques, une grande qualité du vide, le travail de surface ou sur des matériaux très fragiles, un pouvoir de concentration très supérieur à ce qui est possible sur Terre. Au-delà des polémiques propres à un grand projet international, l'ISS pose cependant, en la mettant en œuvre, la vraie question de la présence continue de l'homme dans l'espace et de son entraînement à de longues durées de vie en impesanteur. Si on veut vraiment envoyer un homme sur Mars...

État critique

Moment précis où un corps change de phase passant de la phase solide à la phase liquide, par exemple. L'eau est en état critique à 0° C, où elle gèle et se solidifie.

LA PRIORITÉ DONNÉE AU DÉVELOPPEMENT DE VECTEURS RÉUTILISABLES DE TRANSPORT SPATIAL

La conquête de l'espace requiert trois grandes familles de compétences aux formidables enjeux industriels : les lanceurs et autres véhicules de transport fiables au-delà de l'atmosphère ; les satellites avec leurs infrastructures de suivi ; et enfin, les équipements pour la vie hors de l'atmosphère terrestre à bord de vaisseaux spatiaux, de stations spatiales ou sur d'autres planètes.
Si l'on désire intensifier les envois d'hommes ou de charges au-delà de l'orbite terrestre, il faut créer de nouveaux véhicules permettant un retour facile et sécurisé de l'espace, à l'image des navettes spatiales américaines. Les quatre navettes spatiales américaines restantes ont déjà mené à bien plus de cent missions et restent les seuls véhicules spatiaux polyvalents capables de transporter en orbite basse jusqu'à sept membres d'équipage, des charges volumineuses, lourdes et fragiles, et qui se posent comme un avion au bout de deux semaines de mission… avant d'être complètement désossées et presque entièrement reconstruites.
Le programme STS (Space Transportation Shuttle) a été décidé et conçu au tout début

L'avion spatial X-38 est un "canot de survie" conçu pour la Station spatiale internationale (ISS). Le 30 juillet 1997, un bombardier B-52 emporte un prototype à 8 000 mètres d'altitude pour les premiers essais en vol. À terme, le X-38 sera lancé sur une navette spatiale pour s'amarrer sur l'ISS et servir en cas de nécessité de retour d'urgence des spationautes de la Station.

des années 1970. Les navettes sont très coûteuses (près de 300 millions d'euros par vol), souvent surdimensionnées, fragiles car d'une conception technologique très complexe. Le triste accident de Challenger, en janvier 1986, qui a coûté la vie à sept astronautes, est là pour le rappeler ! Les navettes doivent *a priori* voler pendant encore au moins dix ans. Les navettes STS devaient être les véhicules de la "normalisation" de la vie, de la recherche et du travail en orbite terrestre. Seules à pouvoir assumer de telles missions, elles ont peut-être paradoxalement freiné la conquête spatiale au cours des dernières décennies. Quels projets vont alors prendre le relais de ces engins magnifiques ?
Un nouveau petit véhicule mobilise beaucoup d'énergie, le CRV (Crew Rescue Vehicle) basé sur le démonstrateur X-38 de la Nasa, qui permettrait un retour sur Terre en urgence depuis la Station spatiale internationale en l'absence de navette disponible. Développé conjointement par l'Esa et la Nasa, il pourrait évacuer jusqu'à sept personnes. En attendant, une capsule Soyouz, amarrée en permanence sur l'ISS les premières années, les ramenerait sur Terre dans des conditions de survie acceptables. Les travaux de cette équipe contribueront également à faire progresser les technologies nécessaires à la mise au point des véhicules réutilisables de future génération.
Des projets plus ou moins réalistes abondent pour les décennies à venir, de lanceurs récupérables complètement ou en partie. Les Américains proposent de nombreux projets pour les années 2005-2020 : des petits avions de retour rapide envoyés par des navettes de type Challenger, à une navette-avion complètement autonome (succession du projet Venture Star de Loockheed-Martin ou Orbital de la Nasa) avec lancement en deux temps (deux lanceurs imbriqués l'un dans l'autre à une navette au décollage accéléré par un champ magnétique).
L'Europe réfléchit quant à elle à des programmes FLTP (Future Launcher Technologies Program) et Festip (Future European Space Transportation Investigation Program). Différentes possibilités sont envisagées. Des essais pourraient être effectués à partir d'une navette lancée depuis le ciel par un avion du type Airbus, à l'image du démonstrateur Vehra de Dassault Aviation. Astrium soutient le projet Phoenix et le Space-Hopper, un véhicule de lancement opérationnel réutilisable et consommant des propellants écologiques élaborés à partir d'un réemploi massif de technologies éprouvées sur Ariane-5. À l'apogée de l'orbite de Space-Hopper, l'étage inférieur se sépare du véhicule, plaçant sa charge en orbite pendant que le véhicule atterrit sur une piste classique.

DES PROJETS PRIVÉS RENDENT L'ESPACE PLUS ACCESSIBLE ET PLUS INDUSTRIEL

Les besoins de mise en orbite seront de plus en plus importants dans les décennies à venir. Que ce soit pour accompagner le développement des réseaux de communication à haut débit, qui ira de la transmission de son à l'échange de données commerciales entre hypermarchés et usines à la navigation, à la surveillance des biens... Le développement des missions et voyages spatiaux entraîne la mise en place d'un véritable marché où le prix de lancement sera essentiel d'autant que les volumes qui doivent quitter l'atmosphère terrestre ne cessent d'augmenter, ce qui ne veut pas dire que la taille des satellites, elle, soit appelée à grandir. D'où l'importance de la situation géographique de la base de lancement qui doit se situer le plus près possible de l'Équateur pour bénéficier d'une vitesse de rotation maximale de la Terre et optimiser le résultat des lancements vers l'orbite géostationnaire (36 000 kilomètres au-dessus de l'Équateur permettant une vision globale de la planète). Des initiatives privées à fonds internationaux vont concurrencer le pas de tir européen, fort bien situé, de Kourou en Guyane française, dans les années à venir par des lancements sur des plates-formes flottantes idéalement disposées. Ainsi le programme international Sea Launch, qui regroupe l'américain Boeing, l'anglo-norvégien Kvaerner, le russe RSC-Energia et l'ukrainien SDO Yuzhnoye, lance-t-il des fusées Zenit-2 SL transférées par bateau sur une plate-forme flottante.

Les Américains possèdent d'autres atouts économiques comme les lanceurs Delta de Boeing ou Atlas qui permettent des mises en orbite moins coûteuses qu'avec la navette spatiale. Starsem, dont les actionnaires franco-russes sont Arianespace, Aérospatiale Matra, l'Agence aéronautique et spatiale russe (RKA), et le Centre spatial de Samara, a repris l'exploitation de la famille des lanceurs Soyouz et en assure la commercialisation. Avec un total de plus de 1 500 lancements réussis, habités ou non, Soyouz représente un acteur extrêmement fiable du marché des lanceurs de charges payantes d'un poids compris entre 4 et 5,5 tonnes en orbite basse. Dès 1999, les premiers lancements de Starsem ont permis la mise en orbite de vingt-quatre satellites Globalstar. Par ailleurs, un lanceur dénommé Proton est commercialisé en joint-venture par l'américain Loockheed-Martin et le russe Krounichev. La société européenne Astrium et la société russe Krounichev ont formé une joint-venture dénommée Eurockot proposant de petits lanceurs économiques Rockot, destinés à la mise en orbite de petites charges (entre 100 et 1 000 kg) en orbite basse et moyenne (entre 300 et 1 500 kilomètres d'altitude). Après avoir quitté l'atmosphère, Rockot libère une plate-forme aux moteurs rallumables dénommée Breeze qui peut placer, à une orbite idéale, différentes charges légères. Le centre spatial russe Babakin propose, quant à lui, des lancements sur des fusées Volna à partir de sous-marins de type Kalmar. Astrium participe également à un programme international dénommé Leolink de petits lanceurs pour des petites charges, avec comme cible principale le marché privé américain. Les années 2010 verront l'émergence à leur tour des Chinois, des Japonais et des Indiens dans le club très fermé des lanceurs fiables de satellites.

Plusieurs solutions industrielles existent pour rendre les mises en orbite terrestre moins coûteuses. Ainsi le programme international Sea Launch envoyant des fusées Zenit-2 SL depuis des plates-formes flottantes idéalement placées. Ou encore le petit lanceur économique Rockot mettant en orbite basse et moyenne de petites charges de moins d'une tonne.

LES VOILES SOLAIRES, NOUVEAU RÊVE D'ICARE

Dans les modes de propulsion du futur, la voile solaire tient une place de choix. Le principe de la voile solaire n'est pas nouveau et cette idée avait germé dans de nombreux esprits savants parmi lesquels Konstantin Tsiolkowski (1921), un des pères de l'astronautique, avec l'intention d'utiliser un vaisseau propulsé par des photons émis par le Soleil au travers du cosmos. Dans les années 1970, la Nasa et l'Esa avaient envisagé de construire une voile solaire pour aller à la rencontre de la comète de Halley. Un projet abandonné en cours de route, en raison des problèmes techniques qu'il soulevait. Dans les années 1980, une association française, l'U3P (Union pour la promotion de la propulsion photonique), rêve d'une course de voiliers solaires entre la Terre et la Lune. En effet, le principe de la voile solaire est fondé sur la poussée exercée sur la face de la voile par des photons, particules de lumière sans masse mais énergétiques, arrivant à la vitesse de la lumière dont ils sont les composants. Cette pression excessivement réduite est de l'ordre d'un kilogramme par kilomètre carré ! Pour compenser cette faiblesse inhérente, il est donc envisagé de confectionner des voiles gigantesques de dizaines de mètres à plusieurs kilomètres de côté ! De nouveaux matériaux alliant Kapton et Mylar ont fait leur apparition et rendu l'aventure possible.

Le concept de la voile solaire permet, en dépit d'une poussée extrêmement faible de la part des photons, de maintenir une accélération de l'ordre du millimètre par seconde mais continue sur des jours, des mois, voire des années ! La vitesse obtenue au bout de cette période étant de l'ordre de dizaines de kilomètres par seconde, représentant plusieurs fois les vitesses obtenues au travers de systèmes de propulsion conventionnels chimiques. La propulsion photonique semble donc tout indiquée pour les missions aux confins de notre système solaire nécessitant des vols d'une durée de trente à quarante années, à l'aide de technologies conventionnelles mais sans trajectoire compliquée car la voile solaire est très difficile à manœuvrer. Un premier projet Cosmos-1, coordonné par une association privée, la Planetary Society, devrait essayer de déployer une voile solaire à l'hiver 2001, lancée depuis un sous-marin russe de type Kalmar croisant dans la mer de Barents. Cette voile de 30 mètres de diamètre et de seulement 40 kg volera de quelques jours à quelques mois, orientée en permanence vers le Soleil. Un projet de grande ampleur devrait lui succéder, financé par l'Esa et la DLR, organisme scientifique et technologique allemand dédié en partie aux programmes spatiaux. Il est inenvisageable de tester la poussée photonique au sol. Les premières grandes voiles solaires testant le principe de déploiement pourraient être essayées vers 2003. Des prototypes de démonstration du principe pourraient être lancés vers 2005-2008. La première mission scientifique pourrait alors débuter en 2010 avec des premiers résultats en 2020-2025.

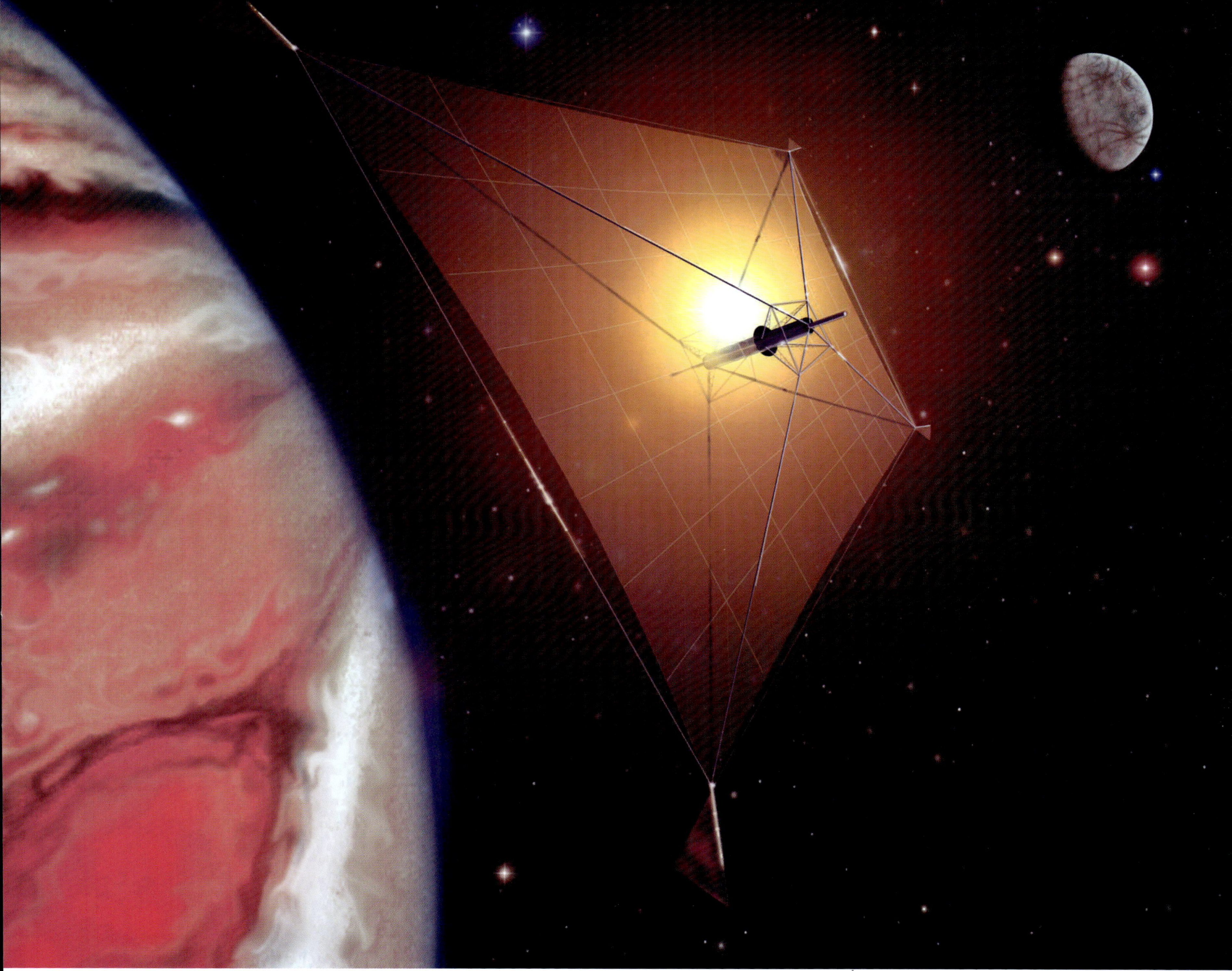

Voile solaire (vue d'artiste).
Le concept de la voile solaire permet, en dépit d'une poussée extrêmement faible de la part des photons, de maintenir une accélération de l'ordre du millimètre par seconde mais continue sur des jours, des mois, voire des années !

Quand l'homme se prend pour un oiseau… Vol libre et surf aérien.
Le rêve possède une vertu rare : il n'est jamais technologiquement dépassé !

POUR QUE L'ESPACE NE SOIT PAS LE CIMETIÈRE DES RÊVES...

L'avenir de la conquête spatiale est radieux pour les décennies et les siècles futurs, et le proche futur semble bien morne à côté du rêve qui nous est promis plus ou moins officiellement par les différentes agences spatiales. Selon la Nasa, le futur technologique proviendra de synergies entre les technologies de l'information (architecture et algorythme), les nanotechnologies et les biotechnologies (la santé des spationautes pendant les vols de longue durée, la détection d'une vie présente ou passée dans l'Univers). Les grandes préoccupations pour l'exploration spatiale à long terme s'articulent ainsi autour de trois grands thèmes principaux : la banalisation des vols spatiaux pour faire baisser leur coût et augmenter leur fréquence ; la survie des hommes sur des vols dont la durée dépassera plusieurs années voire plusieurs décennies ; la propulsion à grande vitesse pour atteindre relativement rapidement les confins du système solaire. De très nombreux projets existent pour la banalisation des vols spatiaux, de la navette tirée depuis un avion de ligne – projet Kelly Space – à l'ascenseur spatial de la Nasa qui consisterait très sérieusement à relier un câble descendu d'un vaisseau volant en orbite basse à la surface de la Terre... Quant à la vie à long terme dans l'espace, les projets proposés abondent, souvent proches de la science-fiction. Depuis les années 1950, de multiples stations, voire planètes artificielles, ont été envisagées pour la vie humaine hors de la planète Terre, la colonisation de l'espace lointain. Avec souvent la reconstitution un peu utopique d'apesanteur par la force centrifuge. Cela reste théoriquement possible mais dans des proportions gigantesques de cylindres, de roues de plusieurs centaines de mètres de diamètre ! Des projets pour le troisième millénaire...
De façon plus pragmatique et réalisable à moyen terme, on peut citer l'Astrotel de la Global Aerospace Corporation, relais spatial placé en orbite interplanétaire, relié à la Terre et à Mars par des taxis spatiaux et qui mettrait la planète rouge à cinq mois de la Terre. La propulsion spatiale d'après-demain préoccupe déjà les prospectivistes des grandes agences spatiales. Leurs recherches s'articulent autour de la propulsion ionique, l'utilisation de l'antimatière, la propulsion photonique, de systèmes de propulsion électrique ou encore la propulsion thermique nucléaire utilisant l'hydrogène comme combustible. Ce système permettrait, par exemple, de survoler la haute atmosphère de Jupiter, très riche en hydrogène. À très long terme, le biomimétisme semble une des voies prometteuses pour l'avenir de la conquête spatiale. Un projet de l'Ohio Aerospace Institute propose de créer un avion pour l'exploration de la surface de Mars, qui reproduirait les mécanismes et propriétés de vol des entomoptères, insectes volants. Respectant les mêmes principes, la Nasa travaille sur un avion qui s'inspirerait du cormoran ou de la mouette avec des ailes en composites souples. La plupart des rêves spatiaux sont encore dans les cartons mais le rêve possède une vertu rare : il n'est jamais technologiquement dépassé !

#5 Douze rêves européens pour une vie dans l'espace dans vingt à trente ans

Généreux, utiles, humains, accessibles, avec des retombées concrètes dans la vie quotidienne de tous.

La conquête spatiale est un rêve et en tant que tel, personne ne saurait se l'approprier. L'essence même du rêve tient dans son existence : on le réalise mais on ne le possède point. La conquête spatiale doit donc profiter à tous, grands et petits, forts et faibles sans distinction de race ni de religion.

La conquête spatiale se doit de dépasser le statut critiquable de démonstration d'une avant-garde technologique de grande ampleur mais coûteuse et qui semble promise à une élite. Un développement raisonné de l'espace doit en effet être responsable et permettre une amélioration de la vie des hommes. Parce qu'il impose une collaboration de premier degré entre des hommes et des femmes confinés ensemble dans un petit volume, le rêve spatial permet à des spationautes de cultures et de philosophies différentes d'apprendre à vivre ensemble dans les vaisseaux spatiaux. L'espace doit rester un havre de paix et de coopération internationale. Vue de l'espace, notre petite planète apparaît comme elle est réellement : magnifique, probablement unique mais si fragile. En prenant de la hauteur, les conflits humains semblent dérisoires. Tant de crimes, tant d'horreurs commises pour de petites parcelles de terrain où l'homme irresponsable cherche à asseoir son autorité ! Que la pollution humaine semble intolérable et inadmissible ! Que se passe-t-il donc dans les têtes assoiffées de pouvoir de cette espèce réputée intelligente ? L'homme a-t-il le droit de détruire un des chefs-d'œuvre de l'Univers ? Que l'orbite terrestre devienne l'avant-poste de surveillance privilégié et de lutte contre la pollution, dépassant les frontières et les hypocrisies !

Les bénéfices de la conquête spatiale doivent être répartis directement ou indirectement entre l'ensemble des contributeurs publics ou privés qui l'ont supportée par leurs efforts, souvent contre vents et marées. L'Europe spatiale se doit donc, vis-à-vis de ses “sponsors”, les contribuables européens et canadiens au travers de l'Agence spatiale européenne, de communiquer sur ses acquis, sur son savoir-faire, pour, à nouveau, incarner un rêve légitime aux retombées concrètes et visibles qui dépassent le simple transport dans l'espace.

Car au-delà des résultats directs, les progrès obtenus au travers des développements technologiques, des enseignements scientifiques en astronomie, de la meilleure connaissance de notre Terre et de son atmosphère, la conquête de l'espace par l'Europe génère des retombées considérables qui améliorent déjà le quotidien des Européens. Que ce soit dans les matériaux, l'emballage, le travail dans des conditions extrêmes, la médecine, le sport, l'informatique, l'électronique, rares sont les domaines de la grande consommation et de la vie quotidienne qui ne profitent déjà des recherches spatiales.

L'espace est à l'image de la construction de l'Europe : complexe, coûteux et lent dans sa mise en œuvre, et souvent l'addition de revendications à court terme. La conquête spatiale et la part de rêve qu'elle incarne pourraient générer une nouvelle fierté d'appartenance qui dépasse par son intelligence, son ouverture d'esprit, son courage face à l'adversité l'étroitesse des replis sur des identités nostalgiques d'appartenance.

Les acteurs de la vie spatiale européenne pourraient donc assumer à présent un discours très proche de la vision européenne qui prévaut au début de ce XXIe siècle : entre rêve visionnaire d'une prospective qui se bâtit sur les exploits technologiques d'aujourd'hui et réalité pragmatique, rassurante, de leur déclinaison future dans le quotidien des citoyens européens.

Comment matérialiser les grandes préoccupations humaines des années à venir en propositions de développements spatiaux garantissant des retombées concrètes reconnues et des avancées dans la vie de tous les jours des Terriens ?

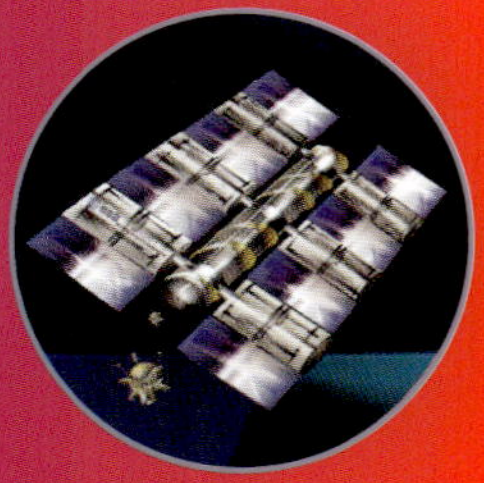
NOÉ

ROBONAUT

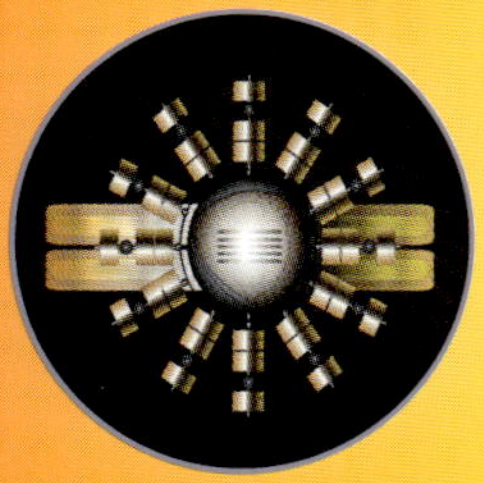
ASTRONOMIA

S.O.S.

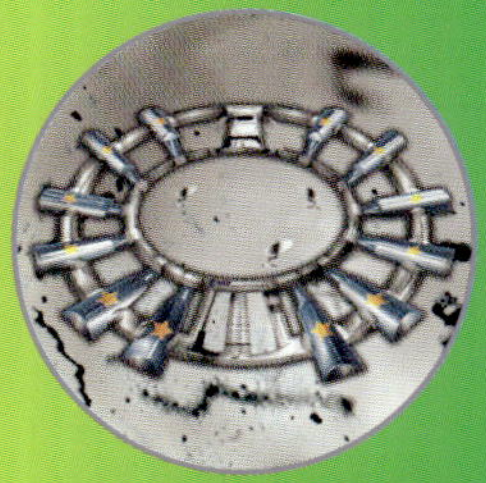
EURO SPACE CAMP

MEMORIS

Ces envies fortes, ces désirs, cette volonté d'utiliser l'espace sont matérialisés ici par douze idées.

Même s'il peut paraître paradoxal de planifier cet "état" qu'est le rêve, ces douze rêves pour les années futures sont à l'image de ce que l'Europe pourrait apporter à l'histoire spatiale dans les décennies à venir.

Douze rêves comme les douze étoiles du drapeau européen, nombre magique par excellence. Douze projets ambitionnant d'être généreux, utiles, humains, accessibles, avec des retombées concrètes dans la vie quotidienne de tous.

DES RÊVES RÉALISTES ?

Les différents projets respectent le même principe de construction, essayant d'être le plus réaliste possible. La plupart des éléments de base, les "briques" de construction, seraient produits de façon identiques et rentreraient dans une coiffe d'Ariane-5 +. Les stations seraient constituées de plates-formes simples, très stables, sans attachement particulier à une génération technologique, sur lesquelles seraient fixées les "briques", et interchangeables à volonté en fonction des besoins, des évolutions technologiques, ou encore de la vétusté.
Car le contexte de l'orbite terrestre est très hostile à la vie : vide absolu, variations rapides de températures extrêmes, radiations intenses, tempêtes solaires, vents magnétiques, pluies de micrométéorites...
Certains projets sont évidemment plus réalistes que d'autres, certains sont plus coûteux que d'autres, mais est-ce vraiment important pour un rêve ? Certains sont semblables à de petites cités, ou simplement à des maisons de campagne en orbite.
Les douze rêves développés dans ce livre prennent le parti d'une autre approche de l'espace, oubliant toute volonté de conquête dans le sens d'appropriation ou de domination. Il s'agit donc de onze stations qui resteront en orbite autour de la Terre ou derrière la face cachée de la Lune, afin de profiter de la tranquillité offerte dans ce contexte à des instruments de mesure astronomiques très sensibles. Le douzième projet essaie également de redonner un intérêt à une surface spatiale très proche et déjà conquise : la Lune.

Avertissement :
Les douze rêves qui suivent sont issus des réflexions et projections des auteurs et n'engagent qu'eux-mêmes.
Même si par certains aspects ils s'en rapprochent, ces projets ne constituent en aucun cas le reflet de travaux ou de recherches menées par les institutions auxquelles les auteurs appartiennent ou avec lesquelles ils collaborent.

OYSTER

LIBERTÉ

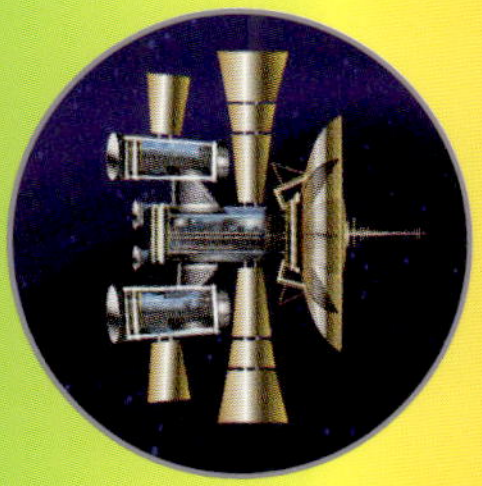
SIXIÈME SENS

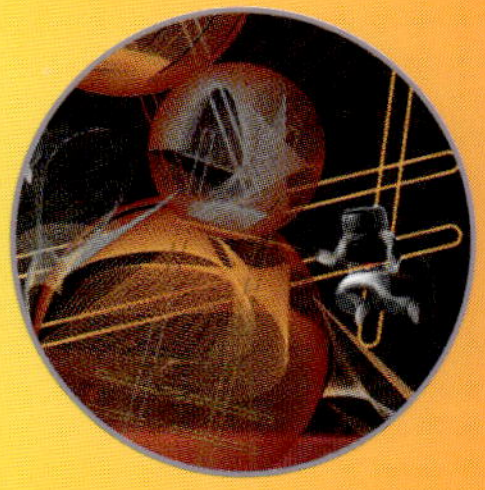
SPACE OPERA

MANDALA

SPACE FUN

Les douze rêves spatiaux se distingueront également en s'éloignant de l'aérodynamisme ou d'un certain fonctionnalisme high-tech en vigueur depuis plus de trente ans. Il est en effet probable que demain les responsables spatiaux européens demandent aux designers, architectes, artistes de les aider à envisager, puis de matérialiser formellement le futur spatial.
Chaque rêve propose donc un ensemble spatial qui répond à une problématique humaine des décennies à venir. Une illustration libre d'artiste lui donnera une autre dimension, intégrant formes et architectures innovantes.

NOÉ

L'homme est peut-être responsable des dérèglements climatiques. Une station orbitale pour mieux comprendre notre planète, mieux gérer ses ressources naturelles et protéger durablement son écosystème.

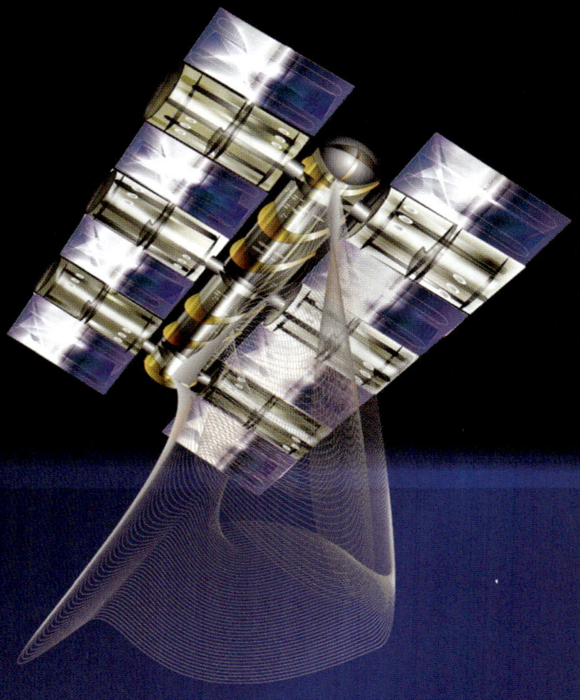

Serres spatiales à double coque en rotation sur elles-mêmes abritant des expériences de reconstitution des écosystèmes et biotopes terrestres.

Barrières reconstitutrices du trou de la couche d'ozone composées des milliers de filaments souples émetteurs d'électrons neutralisant les ions chlorés issus des CFC, responsables du trou dans la couche d'ozone.

Petites bombes téléguidées anti-incendie de forêt explosant en haute altitude, absorbant momentanément tout l'oxygène juste au-dessus de l'incendie et lui enlevant par là-même tout comburant.

Autour des modules de vie humaine, une double enveloppe souple gonflée par un gaz inerte protège la station des grandes amplitudes de température du vide spatial et sert de tube pneumatique géant pour un petit véhicule robotisé permettant une circulation facile des hommes, matériaux et équipements au sein de la station.

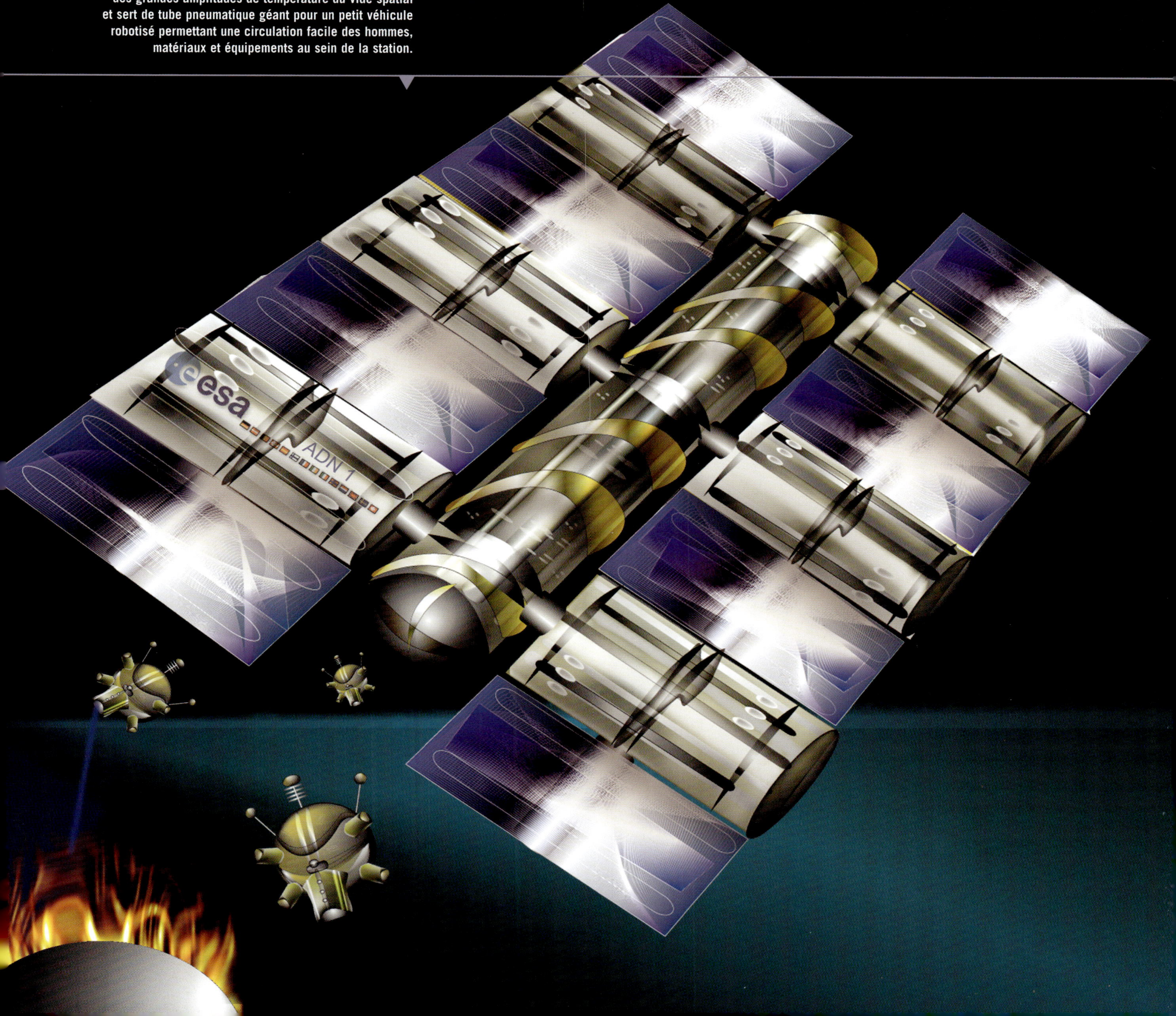

NOÉ, GARDIEN DE L'ÉCOSYSTÈME

Les phénomènes climatiques récents ont montré que l'observation de la Terre est devenue primordiale pour les années à venir : l'homme est-il responsable des dérèglements climatiques ou s'agit-il de phénomènes naturels cycliques ? Mieux comprendre notre planète pour mieux la gérer va constituer une réalité quotidienne dans les décennies à venir.
La station Noé serait l'un des cinq ou six vaisseaux de la flotte des Ecoguards, véritables gardiens de l'écosystème placés en orbite basse de surveillance et régulièrement répartis tout autour de la Terre. Noé aurait pour vocation principale l'observation et la protection de l'écosystème terrestre. Cette énorme station relais rassemblerait les informations de différents satellites d'observation de la Terre, les analyserait et permettrait ainsi une accélération des processus d'intervention en cas de crise écologique. Noé exercerait également une surveillance étroite de ces satellites et pourrait les reprogrammer à distance, évitant des lancements perpétuels qui finissent par polluer les différentes orbites terrestres. Noé effectuerait des études du climat et des recherches sur les grandes évolutions météorologiques et les grands cycles biogéochimiques. Elle serait équipée d'outils de cartographie dans les différents spectres (visible, infrarouge…) ; d'observation de la hauteur et de la température des océans, des pôles, du rayonnement solaire réfléchi par l'atmosphère terrestre ; de prévision des récoltes ; de prévention des risques naturels, en particulier sismiques. Les espaces de vie et de travail des quatre spationautes seraient constitués par un ensemble de modules standards du même type que ceux de la Station spatiale internationale (ISS). De part et d'autre des modules de vie, des serres spatiales abriteraient des expériences de reconstitution de différents écosystèmes et biotopes terrestres. Offrant environ 120 mètres carrés de biomasse sur substrat nutritif sans terre, chaque serre tournerait sur elle-même à l'instar d'une centrifugeuse autour d'un axe d'éclairage lumière du jour, et produirait suffisamment d'oxygène pour sa propre consommation ainsi que pour la survie des spationautes. En cas de destruction de certains écosystèmes de la Terre, ces modules, qui ont pour vocation d'être autosuffisants, pourraient être largués vers l'infini spatial pour constituer de petites arches de Noé végétales… L'énergie nécessaire à l'éclairage et au recyclage permanent de l'eau des cultures serait garantie par un vaste champ de panneaux solaires de serres reliées entre elles par des tunnels sous pression d'air. Un nouveau métier apparaîtrait alors : les spatio-culteurs. Nul ne sait si les plantes pousseraient à long terme et en absence de pesanteur comme elles le font sur terre… Noé contribuerait à la protection de l'environnement par tous les moyens possibles. La station testerait de petites bombes téléguidées anti-incendies de forêt explosant en haute altitude, absorbant momentanément tout l'oxygène juste au-dessus de l'incendie, lui enlevant par là même tout comburant.
Noé ou quand l'espace vient au secours de la Terre !

Petite bombe téléguidée anti-incendie de forêt, explosant en haute altitude.

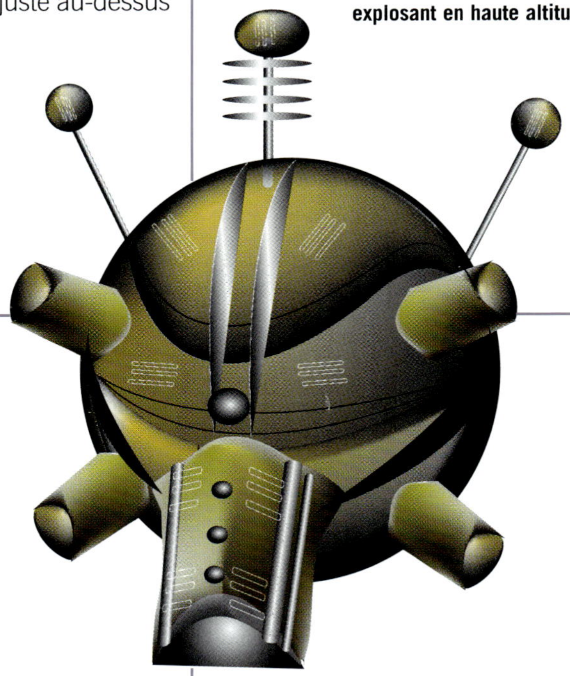

Les ravages de la déforestation en Amazonie brésilienne. La végétation n'est plus assez dense pour retenir l'eau des pluies diluviennes qui ravinent les sols.

L'HOMME EST-IL RESPONSABLE DU DÉRÈGLEMENT CLIMATIQUE ?

Sans l'effet de serre – émanation de gaz carbonique CO^2 –, la température moyenne de notre planète serait de – 18°C et non de + 15°C, comme actuellement. L'effet de serre est ancien et accompagne le développement humain. Il aurait globalement augmenté de 1 % depuis le début de l'ère industrielle, faisant monter la température moyenne entre 1850 et 1995 de 0,3 à 0,5°C. D'ici à 2100, si rien de sérieux n'est fait pour limiter de façon significative ces émissions nocives, l'augmentation de la température pourrait être de l'ordre de 1 à 3,5°C, avec des conséquences environnementales dramatiques et une élévation importante du niveau de la mer qui risquerait d'engloutir des pays entiers comme le Bangladesh et envahir une partie des Pays-Bas. L'effet de serre possède également des effets secondaires très néfastes pour l'environnement. Le réchauffement de la mer provoque l'apparition de nouveaux phénomènes comme les algues "tueuses" en mer Méditerranée (*Caulerpa Taxifolia*), qui bouleversent tout l'écosystème là où elles prolifèrent. Pour de nombreux spécialistes, l'accroissement de la température de l'atmosphère pourrait provoquer un certain nombre de dérèglements climatiques illustrés par les récentes tempêtes en France, ou la multiplication des cyclones au Venezuela.

Mais l'homme ne se contente pas de contribuer au réchauffement de l'atmosphère de sa planète, il en réduit tous les jours le potentiel de régénération. Depuis qu'il pratique l'agriculture, l'homme a déjà réduit d'un tiers le stock de forêt disponible, les poumons de la Terre. Si le déboisement continue au rythme actuel de 100 000 kilomètres carrés par an (la surface de l'Islande), il n'y aura plus de forêt sur Terre en 2045. Il en est de même pour la progression de la désertification due à une surexploitation des sols et au dérèglement climatique : 28 % des terres émergées seraient menacées. Un autre phénomène inquiète les scientifiques : l'apparition d'un énorme trou dans la couche d'ozone stratosphérique, manteau naturel qui nous protège des radiations nocives de l'espace.

La responsabilité de l'homme dans le réchauffement de la planète est indéniable même si les scientifiques ne connaissent toujours pas la part exacte attribuée à l'activité humaine. De même, le trou dans la couche d'ozone semble évoluer, voire se résorber pour réapparaître ailleurs. Existait-il déjà dans des temps plus anciens ? Quelles seront les conséquences sur les générations futures exposées à des doses d'irradiation incontrôlées ?

ROBONAUT

La première station orbitale entièrement robotisée pour remplacer l'homme dans l'espace, partout où les robots peuvent faire aussi bien que les spationautes.
Pour limiter au maximum les coûts et le danger des voyages humains dans l'espace et optimiser les budgets consacrés par l'Europe à la conquête spatiale.

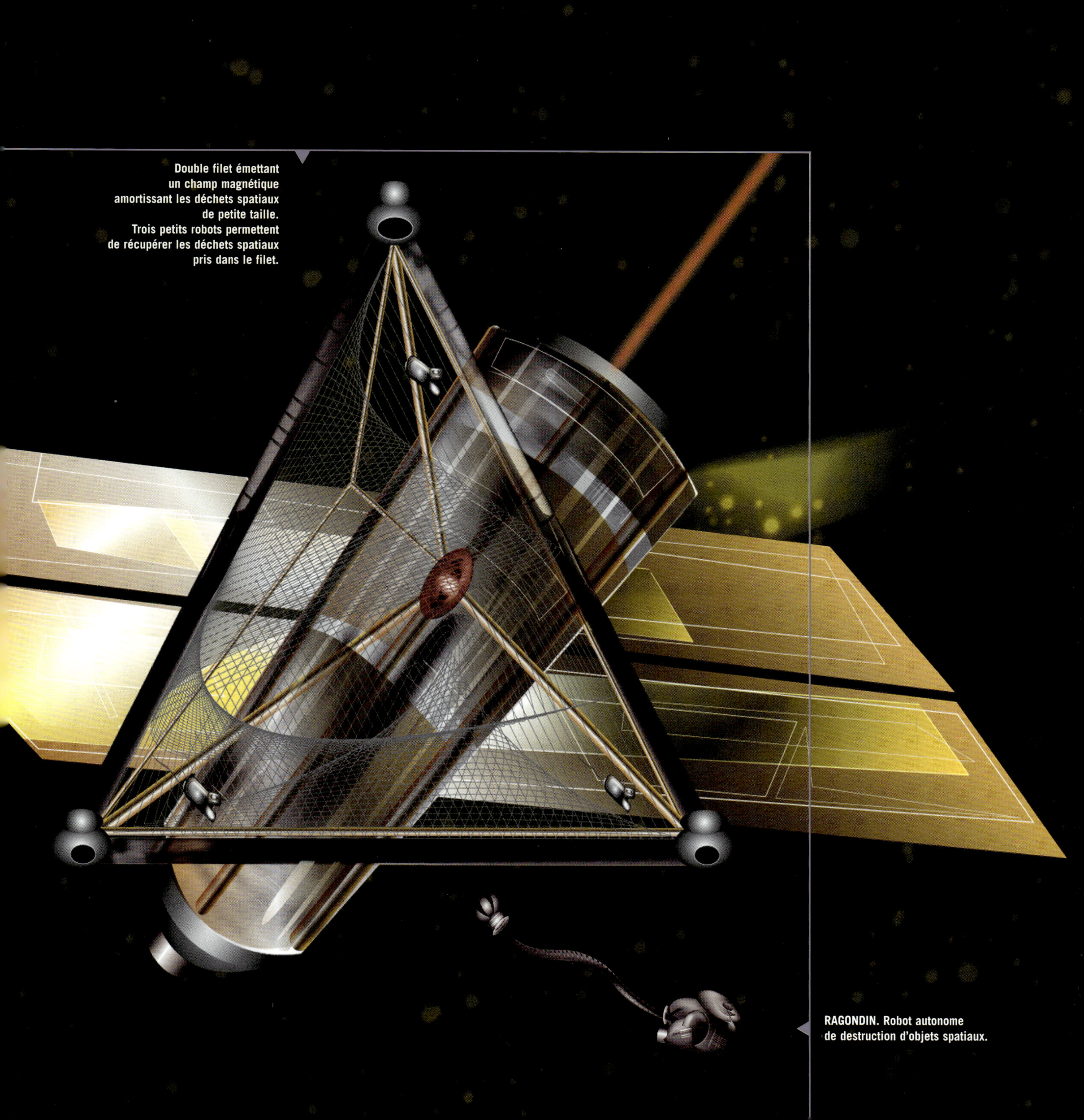
Double filet émettant
un champ magnétique
amortissant les déchets spatiaux
de petite taille.
Trois petits robots permettent
de récupérer les déchets spatiaux
pris dans le filet.
RAGONDIN. Robot autonome
de destruction d'objets spatiaux.

ROBONAUT, MIEUX QUE L'HOMME DANS L'ESPACE

Envoyer des astronautes dans l'espace fait partie intégrante des rêves les plus lointains dans le domaine des sciences. Mais les risques encourus et les coûts sont énormes et la survie de l'homme dans l'espace n'est pour l'instant pas assurée à long terme.

Robonaut préfigure ce que pourrait être la première station orbitale entièrement robotisée remplaçant l'homme dans l'espace dans toutes ses fonctions. Cette station orbitale entièrement télécommandée serait dirigée depuis la Terre ou depuis une station en orbite terrestre et intégrerait les dernières évolutions technologiques en matière de miniaturisation et de robotisation. Elle aurait comme fonction principale de nettoyer l'orbite terrestre des objets spatiaux qui pourraient se révéler à terme dangereux pour les terriens, et de procéder à diverses expériences spatiales robotisées. Cette station serait équipée d'un filet géant à double maillage créant un champ magnétique "amortissant" les déchets spatiaux. Trois petits robots accrochés aux bras en triangle récupéreraient les déchets en les aspirant au travers des tubes de structure reliés à un four-broyeur à plasma ou à laser de destruction. Régulièrement, les résidus seraient lâchés sous forme de boulets de déchets vitrifiés et inertes de petite taille, devant se volatiliser au-dessus des zones inhabitées de l'océan Pacifique. Robonaut disposerait de chambres d'expériences spatiales robotisées, approvisionnées par de petits robots internes de manipulation.

Le ravitaillement de Robonaut se ferait par des transbordeurs du type de l'ATV (Véhicule de transfert automatique) de l'Agence spatiale européenne (Esa). La baie d'accès permettrait également l'abordage d'une navette spatiale pour sa construction ou des réparations importantes nécessitant une présence humaine. Robonaut pourrait émettre un rayon laser à base de fluorure d'hydrogène capable de détruire une météorite de taille moyenne ou encore un débris spatial important.

Robonaut serait équipée d'un petit robot autonome, Ragondin, véritable "saint-bernard" de l'espace, capable de voyages entre les différentes orbites terrestres et disposant, pour détruire les objets spatiaux, d'une ancre déstabilisatrice. Les objets spatiaux en perdition seraient frappés brutalement par l'ancre, leur imprimant une accélération vers la surface de la Terre. Dans le vide spatial, rien ne peut s'opposer à une impulsion initiale et une simple poussée peut générer une vitesse très importante. Les objets de grande taille seraient attrapés par l'ancre, pris en tenaille entre les mors et rapportés vers le four pour destruction. Ragondin, mû par un système de propulsion électrique, serait également équipé de divers outils de réparation ou de construction au bout de bras robotisés ainsi que d'un système de retransmission vidéo sophistiqué. Ragondin pourrait également simuler des crash-tests spatiaux grandeur nature. Il pourrait enfin servir de recharge électrique pour des satellites ou des vaisseaux spatiaux connaissant des déficiences dans leur alimentation électrique. Il se rechargerait automatiquement quand il rentrerait sur son pod d'attache, au pied de Robonaut.

On peut ainsi imaginer des campagnes de désorbitage systématique des satellites hors d'usage, ou une mission d'urgence sur un objet spatial qui viendrait soudainement à quitter son orbite pour diverses raisons.

RAGONDIN. Robot autonome de destruction d'objets spatiaux, équipé d'une ancre déstabilisatrice à mors au bout d'un flagelle rétractable à longueur variable inspirée du principe des remorqueurs.

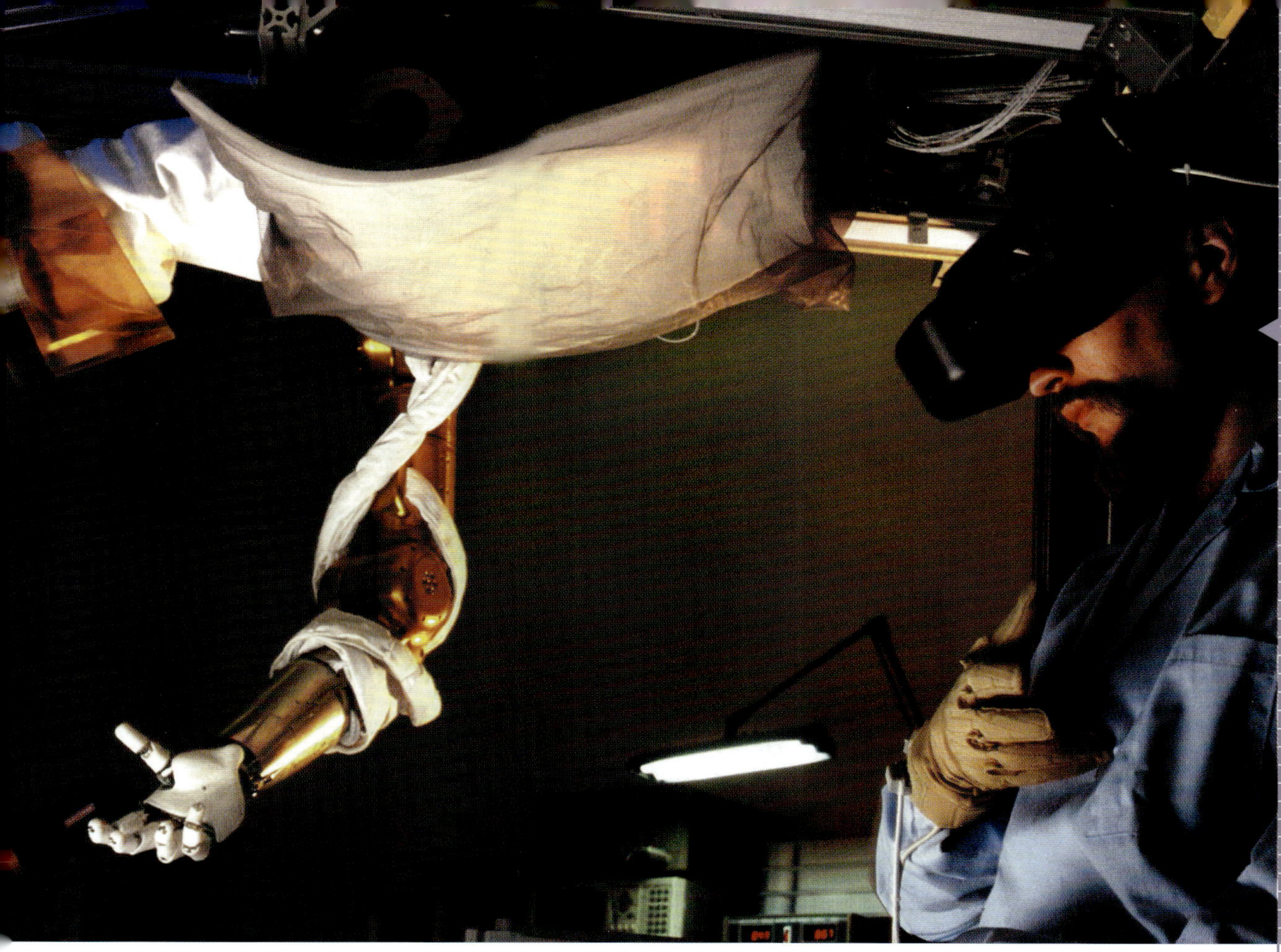

Les robots ne nous font plus peur. D'ici à vingt, trente ans, tout une gamme de robots domestiques devrait apparaître dans notre quotidien.

ALLER TOUJOURS PLUS LOIN DANS LA MINIATURISATION

C'est la compréhension de l'infiniment petit qui devrait le plus contribuer à faire évoluer notre quotidien. Par la chimie combinatoire systématisant la recherche de matériaux de plus en plus complexes par le moins d'expériences possibles, par la dépose de couches très fines d'atomes créant des matériaux "immatériels". Demain, on programmera directement la matière construite sur mesure à partir d'atomes assemblés un à un. Mais ce travail de mécanique moléculaire requiert des puissances de calcul considérables et un développement des nanotechnologies, de dispositifs fonctionnels nanodimensionnels : des "nanoscopes" permettant de visualiser le travail de nanorobots, de la taille d'un virus, capables de nanolithographie et de manipuler les atomes un à un. On appelle ces robots Smem – systèmes microélectromécaniques. Les premiers devraient être véritablement opérationnels avant 2020. Les robots ne nous font plus peur et rentrent dans notre quotidien. Initialement jouets coûteux pour adultes, ils devraient rapidement trouver de véritables fonctions dans la vie de tous les jours. Le progrès des équipements domestiques devrait permettre un meilleur maintien à domicile des personnes âgées, leur facilitant la vie et celle de leur entourage. Toute une gamme de robots domestiques devrait ainsi faire son apparition d'ici à vingt, trente ans, conviviaux car reconnaissant les personnes et assumant les tâches ménagères les moins agréables.

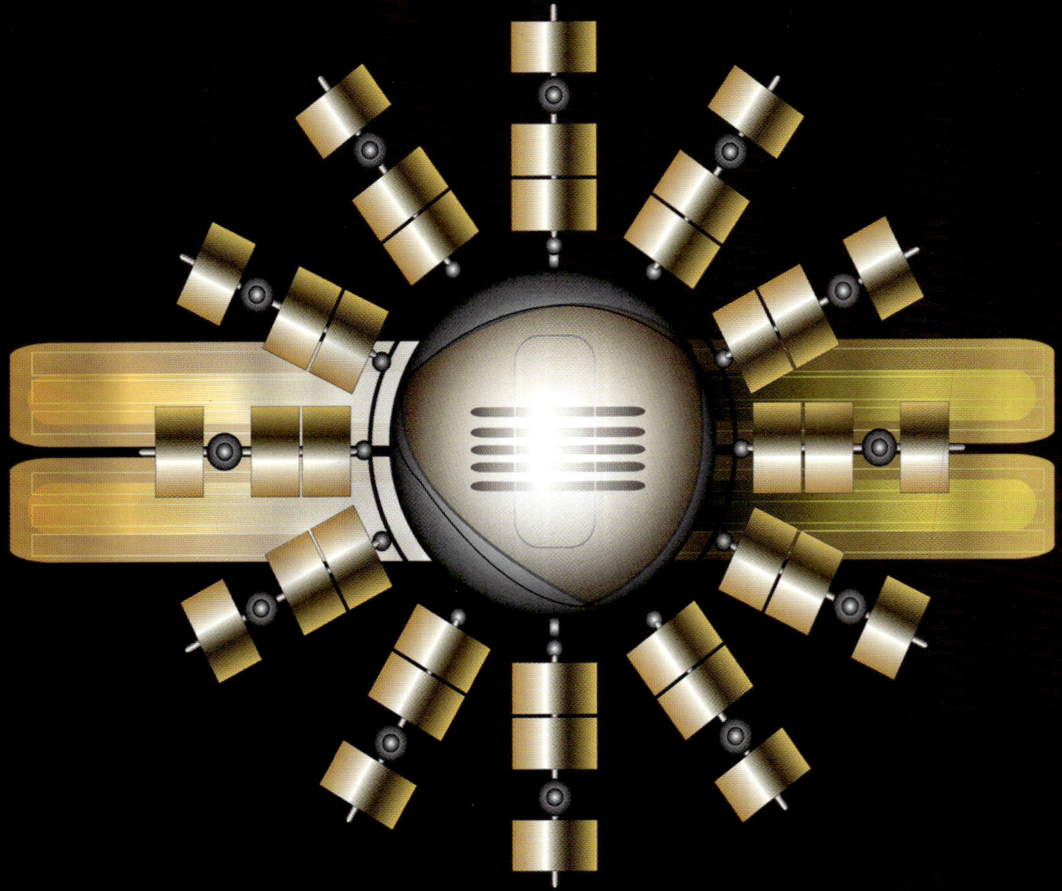

Douze télescopes composant
un télescope à miroirs multiples
permettant d'obtenir une observation
de très haute définition
dans le spectre du visible, grâce
à la combinaison par ordinateur
de toutes leurs observations.

ASTRONOMIA

Sans poussière, sans lumière ni perturbation humaine,
le vide spatial est l'endroit idéal pour observer les mécanismes
du système solaire et de l'Univers. Et si on installait
un observatoire astronomique avancé derrière la Lune ?

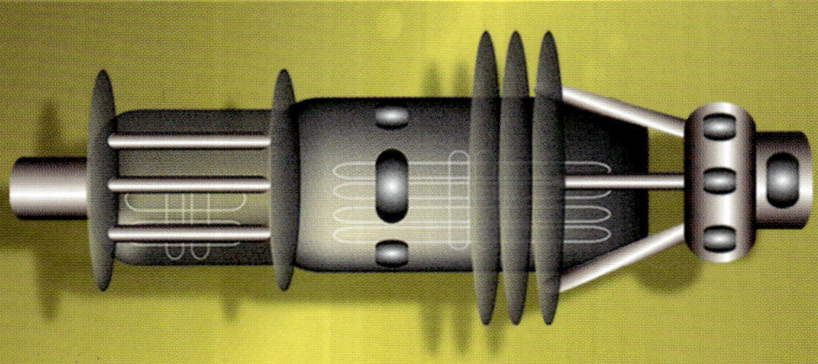

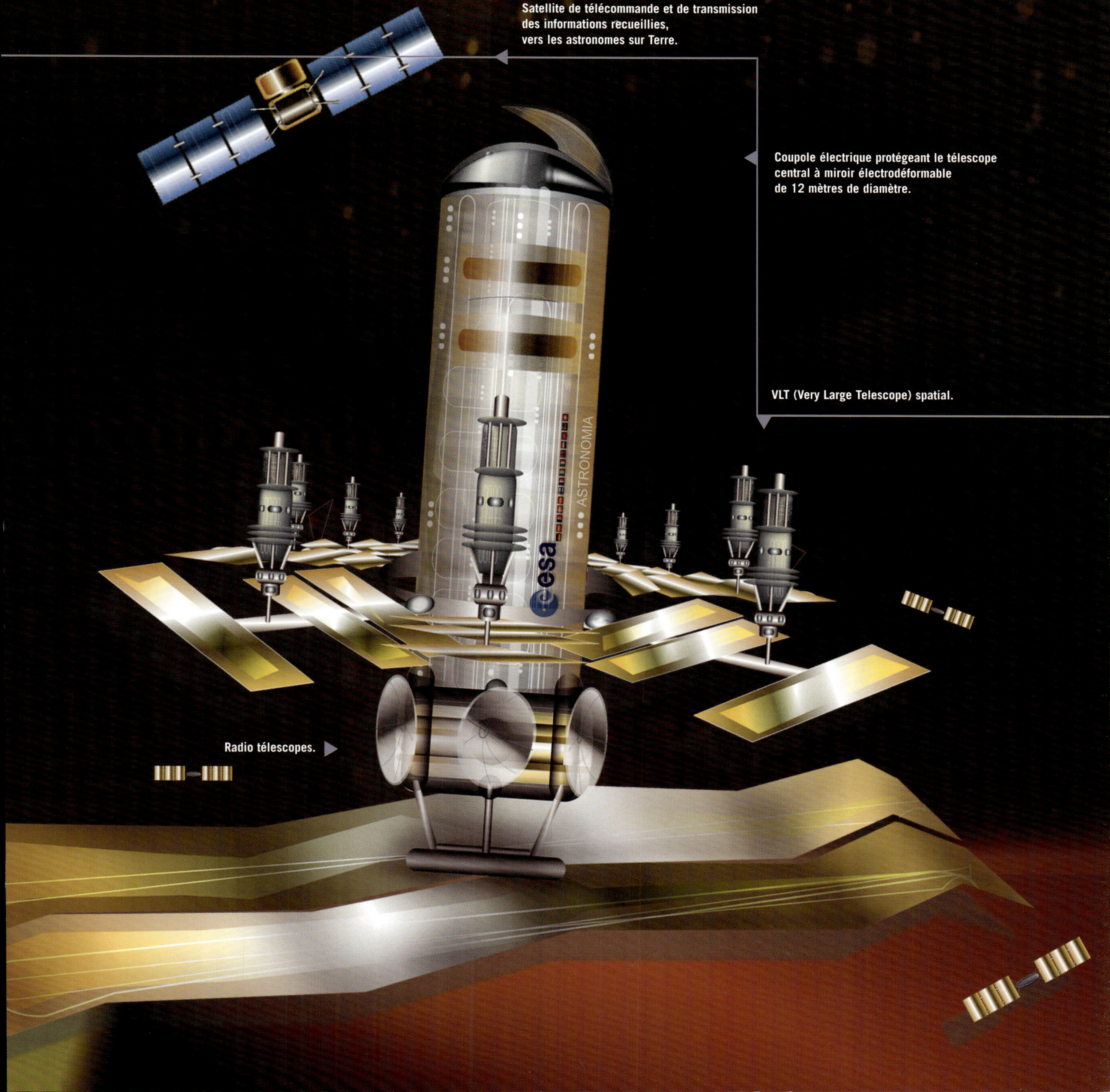

Satellite de télécommande et de transmission
des informations recueillies,
vers les astronomes sur Terre.
Coupole électrique protégeant le télescope
central à miroir électrodéformable
de 12 mètres de diamètre.
VLT (Very Large Telescope) spatial.
ASTRONOMIA
esa
Radio télescopes.

ASTRONOMIA, OBSERVATOIRE SPATIAL IDÉAL !

Les recherches en astronomie, en cosmologie, la compréhension des mécanismes de l'Univers, la place de l'homme dans cette immensité figurent au tout premier rang des futurs programmes spatiaux. Même si les télescopes sont toujours plus grands, plus performants, les radiotélescopes gigantesques, jamais l'observation depuis la Terre ne conférera la qualité de perception des signes des confins de l'Univers obtenue depuis des postes d'observation en orbite ou des sondes interstellaires. Car la Terre est protégée par son atmosphère, le silence spatial est perturbé par la vie humaine, ses sons, ses lumières, ses ondes.

Astronomia représenterait l'observatoire astronomique idéal rassemblant tous les instruments nécessaires à une exploration approfondie du système solaire et de l'Univers. Cette station automatique serait montée depuis la Station spatiale internationale (ISS) par exemple, puis mise en orbite géostationnaire derrière la face cachée de la Lune par un véhicule de transfert automatique semblable à l'ATV, véhicule ravitailleur automatique de l'ISS. Protégée des bruissements et émissions terrestres, elle bénéficierait d'un calme, d'une température constante idéale autorisant un positionnement très précis des instruments optiques, d'une transparence parfaite. Elle mesurerait automatiquement et régulièrement son alignement par émission d'un rayon laser vers la surface de la Lune. Les résultats de ses recherches seraient transmis par trois petits satellites relais en orbite autour de la Lune et de la Terre, assurant ainsi un contact permanent avec les scientifiques qui en commanderaient les instruments grâce à un réseau à très haut débit de type Internet-II, III ou IV.

Astronomia tirerait la leçon des erreurs ou hésitations des pionniers de l'astronomie spatiale. Tous les instruments de cet observatoire seraient démontables et pourraient être remplacés en cas d'obsolescence, d'usure ou de dégradation par l'environnement. Son grand télescope central se fermerait dès qu'une tempête solaire, un vent de poussières spatiales ou encore de micrométéorites serait repéré. Le grand télescope central intégrerait le premier miroir “intelligent” au verre électrodéformable et qui donc pourrait corriger lui-même sa propre courbure selon les besoins de mesures effectuées. Les observations de ce télescope unique seraient complétées par un dispositif de petits télescopes à miroirs multiples aux observations combinées par ordinateur, et qui serait inspiré du VLT (Very Large Telescope) européen du Chili.

Astronomia permettrait de satisfaire tous les besoins de recherche des astronomes depuis le système solaire, avec la possibilité de mesure du spectre le plus large possible de radiations émises par les différentes catégories de corps et ensembles spatiaux. Dans les équipements de recherche, on trouverait un système de mesure des rayons Gamma, des rayons X, une caméra infrarouge haute définition, une série de petits radiotélescopes à ondes radio, un télescope à ultra-violets extrêmes, un observatoire d'astérosismologie, seul moyen permettant de sonder l'intérieur des étoiles. Sur Astronomia serait également installé un observatoire astrométrique mesurant la luminosité des étoiles et déterminant leurs coordonnées avec trois différents systèmes de mesure pour pouvoir comparer et corriger leurs données.

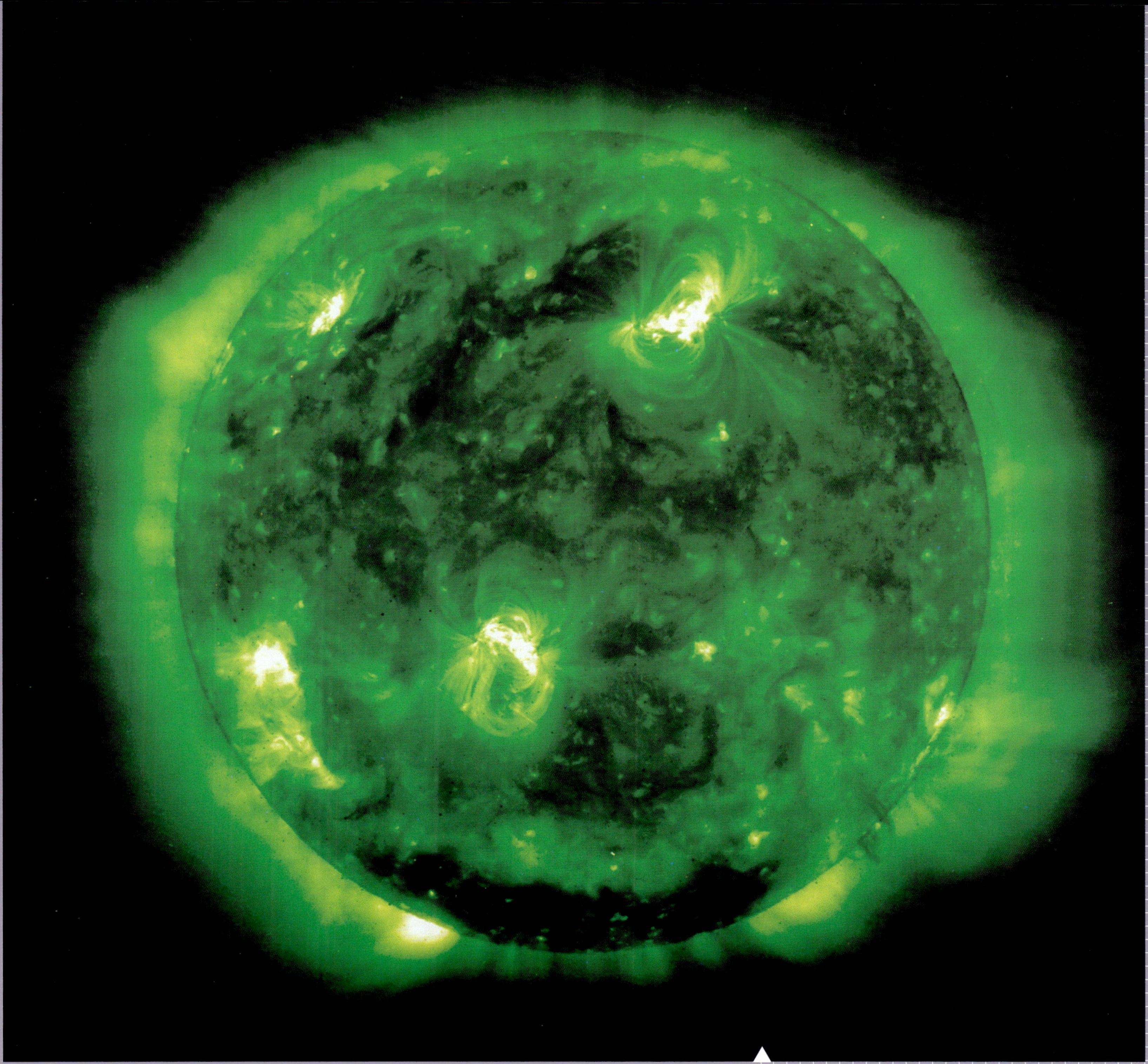

Le Soleil, ses éruptions et sa couronne vus par le satellite observatoire européen Soho. Jamais l'observation depuis la Terre ne conférera la qualité de perception des signes des confins de l'Univers obtenue depuis des postes d'observation en orbite.

La station, ouverte à tous les blessés de la Terre, est en forme de croix rouge géante spatiale… et en forme de croissant rouge selon l'angle de vue.

La station est entièrement recouverte de cellules photovoltaïques produisant l'énorme quantité d'énergie nécessaire à son bon fonctionnement.

Navette ambulance transportant deux containers de dix malades, soit vingt malades en tout, capacité maximale de blessés pouvant être traités en urgence par la station.

S.O.S.

La présence permanente et massive de l'homme dans l'espace nécessite des structures de soins adéquates sans retour brutal et violent à la surface de la Terre. L'impesanteur présente aussi des avantages pour soigner certains Terriens comme les grands brûlés…

S.O.S., HÔPITAL SPATIAL

Si une présence humaine permanente au-delà de l'orbite terrestre se confirme, il faudra assez vite envisager la construction d'un hôpital spatial : pour soigner les blessés des missions en orbite ou de retour de grands voyages interplanétaires, mais trop fragiles pour subir l'épreuve du retour toujours violent dans l'atmosphère. Pourquoi alors ne pas profiter de l'absence de pesanteur pour aider au rétablissement de malades pour qui l'attraction terrestre est un facteur additionnel de douleur, les grands brûlés par exemple ? Nus, en suspension dans une atmosphère à la température, l'humidité, l'asepsie contrôlées, ils n'auraient plus à souffrir du moindre contact avec un bandage ou un matelas. Ils devraient cicatriser beaucoup plus vite sans ce contact. De plus, il semblerait que les radiations – contrôlées – de l'orbite terrestre facilitent la cicatrisation. Hôpital spatial, S.O.S. aurait donc une deuxième spécialité : les greffes, de peau en particulier.

Les blessés arriveraient dans l'hôpital spatial dans un tube capitonné de Mylar dans lequel ils auront préalablement été insérés au sein d'un hôpital de transfert installé à proximité du pas de tir des navettes spatiales ambulances qui les véhiculeraient. En cas d'échec du lancement, le tube disposerait d'un parachute et d'un système de rétrofusées pour un atterrissage en douceur, évitant ainsi une douleur supplémentaire aux grands blessés. À l'intérieur des containers, les malades seraient légèrement anesthésiés et disposeraient d'un masque à oxygène. Ils seraient maintenus en suspension dans une gelée amniotique à la température constante de 37°C. De multiples électrodes raccordées à un système de télétransmission permettraient de vérifier en continu leurs paramètres vitaux.

Après un vol le plus court possible, soit environ deux heures, les containers rejoindraient l'hôpital spatial, seraient ouverts, on aspirerait la gelée amniotique, les blessés se soulèveraient en apesanteur, une véritable libération pour ces malades spationautes... Après un passage en salle de diagnostic, les patients rejoindraient directement le bloc opératoire pour les greffes, la salle de soin pour les grands brûlés. Puis ils seraient placés nus en alvéole de repos. Chacun disposerait d'un écran virtuel avec vidéophone à commande par clin d'œil pour rester en contact avec ses proches.

Le personnel soignant serait volontaire et spécialement formé, en particulier à opérer en impesanteur, aidé par la télétransmission et le téléconseil de chirurgiens restés sur Terre, avec des techniques spécifiques car tout est en suspension. Les liquides seraient projetés grâce à des pistolets et le sang serait absorbé en permanence par des minipompes, semblables à celle que le dentiste met dans la bouche pour absorber la salive. La station serait également équipée d'un espace de vie et de repos pour le personnel ainsi que d'un laboratoire de culture de peau nécessaire aux grands brûlés. Un incinérateur de déchets et une formidable station de filtration de l'air, des fluides compléteraient une installation entièrement consacrée aux soins des malades.

EN 2050, RÉPARER LA TÊTE SUR TERRE OU DANS L'ESPACE ?

Les nouvelles recherches concernant l'interaction entre les composants électroniques et les organes biologiques ouvrent des champs immenses d'évolution du soin.
On a ainsi récemment découvert que le cerveau, que l'on croyait rester stable pour conserver la mémoire et ne pouvant donc pas se régénérer, pouvait connaître une "neurogénèse" naturelle. La neurogénèse par thérapie génique, qui devrait apparaître dans les prochaines années, donne un immense espoir quant au soin des lésions du cerveau ou des pathologies comme les maladies de Parkinson, d'Alzheimer... Après-demain, on pratiquera également l'injection de cellules cérébrales de culture. Les sens déficients seront, par ailleurs, stimulés, corrigés et leur perception amplifiée par des implants bioniques. Cela permettra de réparer les handicaps et les faiblesses plutôt que de concrétiser les fantasmes rémanents "d'homme qui valait 3 milliards". Dirigé par une minicaméra, le laser permettra de corriger de nombreux problèmes d'yeux : décollement de la rétine, cautérisation. Des opérations chirurgicales permettent dès à présent de corriger définitivement la myopie, l'hypermétropie, l'astigmatisme. La presbytie semble plus complexe à résoudre et différentes solutions sont envisagées : renforcement du muscle du cristallin, taille du cristallin à double foyer... La cornée fera l'objet de greffes de cornées synthétiques. La rétine, zone la plus sensible de l'œil, pourra être réparée par des transplantations de cellules rétiniennes saines sur une rétine malade, voire par la mise en place d'une rétine artificielle : une caméra montée sur des lunettes transmettant les informations à une mosaïque de 625 puces greffées sur la rétine... Les problèmes d'ouïe devraient être résolus par l'implantation de gènes responsables de la croissance auditive ou encore des implants cochléaires de batteries d'électrodes placés à la surface du cerveau permettant de se passer d'oreille physique. L'anosmie, absence partielle ou totale d'odorat, pourra être compensée par des puces nasales implantées dans les narines, tout comme l'agueusie, absence de sensation gustative. Les dents repousseraient : leur structure interne, leur support osseux, les tissus dentaires seront régénérés grâce aux progrès de la chimie des minéraux, de la chimie de l'interface et encore une fois du génie génétique. Des dents en corail biocompatible et le clonage de l'émail dentaire restaureront l'éclat de votre sourire !
Des puces électroniques ou biologiques, démultipliant les capacités de perception de l'homme, seront probablement greffées dans le cerveau, d'ici à 2050, et la connexion directe du cerveau à l'ordinateur sera chose banale.

Pourquoi ne pas profiter de l'absence de pesanteur pour soulager les grands brûlés ? Dans une atmosphère à la température, l'humidité, l'asepsie contrôlées, ils n'auraient plus à souffrir du moindre contact avec un bandage ou un matelas.

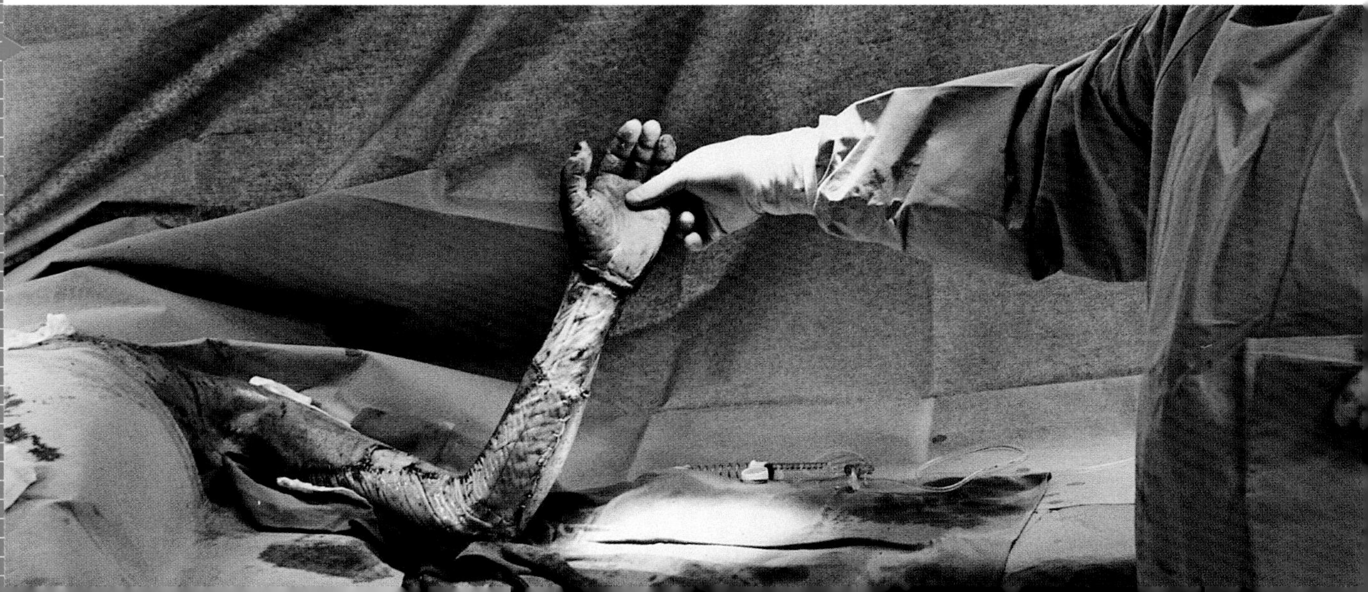

DOUZE MODULES SYMBOLISANT
LES DOUZE ÉTOILES DU DRAPEAU EUROPÉEN
Capsule de retour d'urgence sur Terre.
Antenne parabolique
de communication avec la Terre.
ZONE D'ENTRAÎNEMENT DES SPATIONAUTES
esa
EURO SPACE CAMP

EURO SPACE CAMP

Refaire de la Lune une destination prioritaire des programmes spatiaux. Un camp de base européen pour l'exploitation des richesses minières, énergétiques de notre satellite et la préparation d'expéditions plus lointaines.

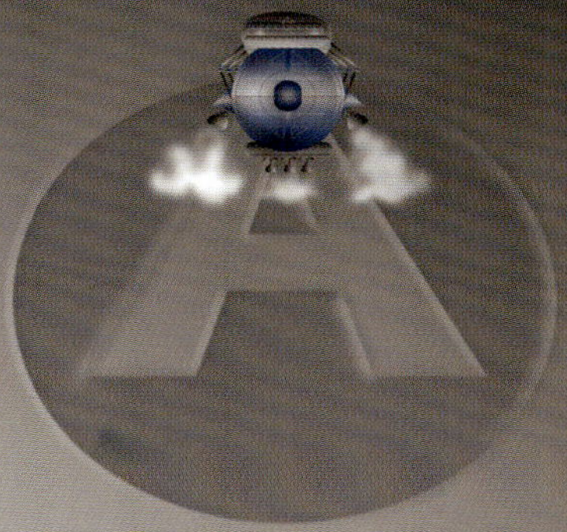

Espace d'alunissage.

Véhicule scarabée de guidage autonome automatique.

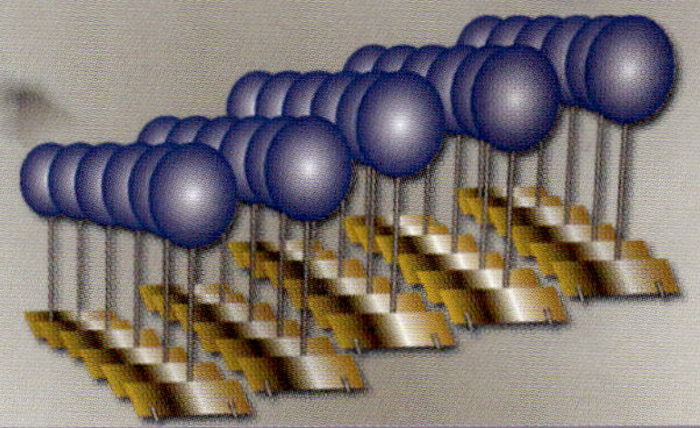

Ballons solaires accrochés à un système de tiges vérins réglant automatiquement la hauteur des ballons les uns par rapport aux autres afin de bénéficier d'un ensoleillement maximal constant, quelle que soit la position et l'inclinaison de l'astre solaire. Un ensemble déformable en miroirs, placés à même le sol, optimise l'efficacité de l'exposition solaire. Les premiers panneaux solaires 3D en quelque sorte, entièrement contrôlés par ordinateur.

EURO SPACE CAMP, BASE LUNAIRE EUROPÉENNE

La Lune a presque été oubliée par les missions spatiales des dernières décennies. Pourquoi ne pas en faire un espace spatial international d'expérimentation, de formation et de production ? Un espace de recueil des minéraux lunaires, un centre pour vacanciers aventureux, pour alpinistes de l'extrême ? Un lieu d'assemblage des futures stations spatiales géantes ? Un symbole de paix et d'entente internationale ? On pourrait y envisager les réunions du G 12, successeur de notre G 8... Les euro-spationautes auront besoin de bases arrières ou au contraire avancées, pour le ravitaillement des voyages de longues durées vers d'autres planètes, pour la formation des spationautes de tous les pays. La préparation des spationautes pour les vols spatiaux s'effectue en effet sur Terre, dans des conditions "terrestres". Le séjour dans l'espace provoque pourtant sur l'homme des modifications importantes à la fois physiques et physiologiques. Trois jours de voyage, un sixième de la gravité terrestre, l'absence d'atmosphère, une exposition aux radiations identiques à celle du vide spatial, des variations brutales de température ; un séjour sur la Lune représente un bon compromis accessible rapidement. Pour tester le grand froid et la nuit spatiale réelle, l'absence de communication avec la Terre, il suffit de camper quelques jours sur la face cachée de la Lune.
La station orbitale type, Euro Space Camp, comprendrait douze modules symbolisant les douze étoiles du drapeau européen. Disposés en cercle, à moitié enterrés dans le sol lunaire, reliés par des tunnels pressurisés, les modules définiraient un champ d'entraînement spatial avec parcours physique de

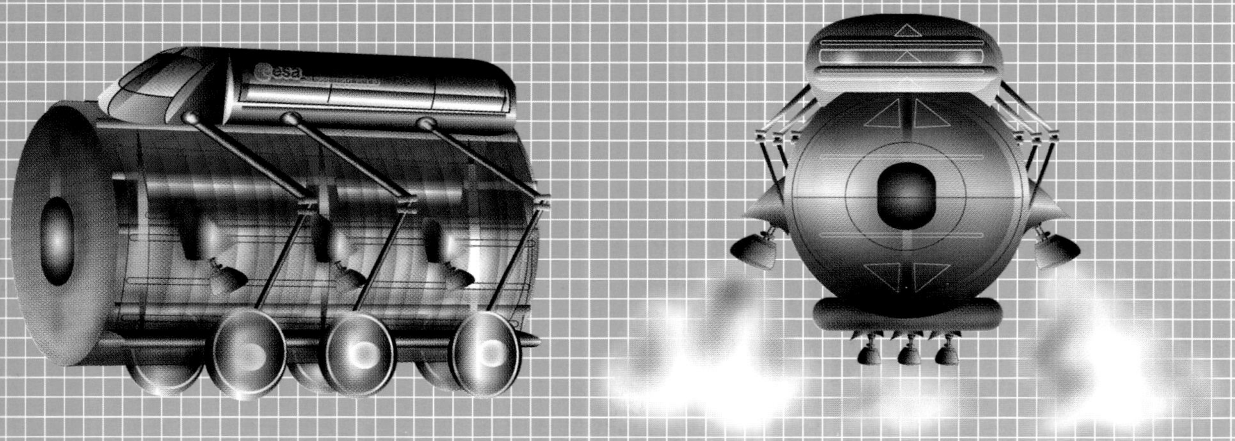

Véhicule scarabée de guidage autonome automatique, permettant un alunissage en douceur.
Après l'alunissage, le véhicule scarabée sert d'engin de manutention, de déplacement sur la Lune.

Les modules comportent sous le ventre des propulseurs de rétrofreinage à l'hélium.

l'apprenti spationaute et différentes expériences. Les modules cylindriques correspondraient chacun à la charge maximale autorisée par la coiffe d'Ariane-5 +, soit 12 tonnes. Chaque module inerte serait équipé d'un véhicule scarabée de guidage autonome automatique permettant un alunissage en douceur, surnommé *Lunarbeetle* par les astronautes anglo-saxons. Les modules comporteraient sous le ventre des propulseurs de rétrofreinage à l'hélium. Après l'alunissage et le positionnement du module dans une cavité creusée préalablement, le véhicule scarabée, autonome et robotisé, servirait d'engin de manutention, de déplacement sur la Lune. Il permettrait ainsi de recouvrir les modules de roche lunaire, les protégeant des radiations. Les systèmes d'accrochage aux modules serviraient alors de sièges pour le déplacement des spationautes. Avant l'installation de la base lunaire, un système de retour sur Terre serait envoyé automatiquement. Intégré dans la circonférence de la base, il permettrait de rejoindre une capsule en orbite permanente autour de la Lune, garantissant ainsi un retour d'urgence sur Terre. Un brusque jet d'hélium permettrait alors de quitter le sol lunaire. La base lunaire disposerait également d'une zone d'alunissage marquée d'un grand A, et située à une courte distance de la base pour éviter les accidents qui pourraient se révéler dramatiques pour l'homme dans les conditions de la surface lunaire extrêmes.
La base serait alimentée en énergie par des forêts de ballons solaires afin de bénéficier d'un ensoleillement maximal constant quelles que soient la position et l'inclinaison de l'astre solaire. Leurs mouvements offriraient de plus la possibilité de créer une impression de levant et de couchant nuancé pour les luniens de passage, leur rappelant ce que la Terre offre de plus beau…

DE L'INDUSTRIE SPATIALE DÉCOULERONT LES MODES DE TRANSPORT DES MARCHANDISES DE DEMAIN

Certains parlent déjà d'aile volante supersonique, d'avions qui rebondiraient dans l'atmosphère comme l'Hypersoar. Il s'agit d'un avion hypersonique, capable d'atteindre Mach 10. Il pourrait relier n'importe quelle ville en quelques rebonds sur les couches atmosphériques basses, à la manière d'une pierre ricochant sur l'eau, à plus de 10 000 km/h. Ce qui mettrait les villes du globe à deux heures maximum l'une de l'autre, selon une trajectoire sinusoïdale. Le prototype est développé par le Lawrence Livermore National Laboratory, du ministère américain de l'Énergie. Étant donné les mouvements de montagnes russes prévus, de par la conception de son système de propulsion, cet avion devrait être réservé au transport de marchandises, aux lancements spatiaux, voire aux amateurs de sensations fortes. Beaucoup plus futuristes, des Japonais ont imaginé un véhicule supersonique, Yamato-1, qui utilise la technologie MHD (Magnétohydrodynamique) qui évite les masses d'air et le boum sonique grâce à un champ électromagnétique. Une technologie sans aucune pollution, qui pourrait fonctionner dans un univers d'antimatière parallèle au nôtre, permettant de remonter le temps. Pour voyager dans cet univers, il faudrait cependant une dématérialisation préalable des voyageurs et des marchandises. Rien n'interdit d'imaginer, de rêver…

MEMORIS

Le savoir de l'humanité, paradoxal, contradictoire et de plus en plus riche, est pourtant aussi fragile que précieux. Et si on l'envoyait dans l'espace afin de le protéger d'une éventuelle destruction de la Terre et de la folie des hommes ?

Un bouclier antiparticule et un champ de force émis sur le bord du bouclier protègent quatre hémisphères autonomes d'un cerveau artificiel en dimensions multiples : deux hémisphères avec les connaissances et leurs contraires (cerveau blanc, cerveau noir). Un message géant constitué de symboles de description élémentaire de l'humanité est gravé sur les faces du bouclier.

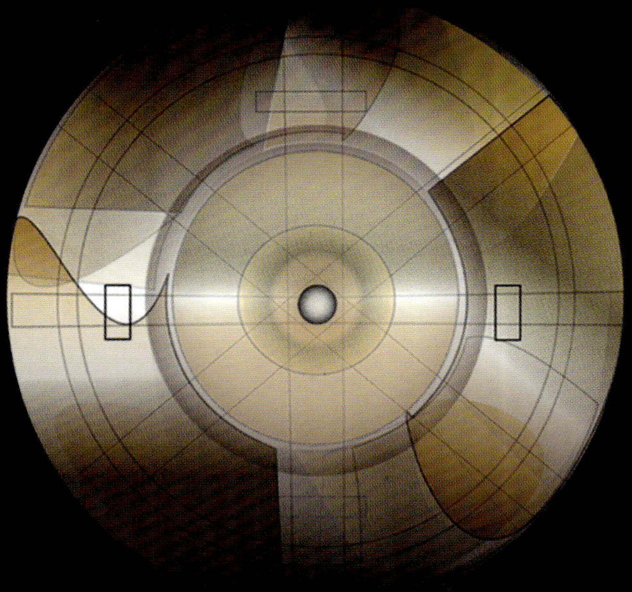

Minidisques blindés de sauvegarde ultime.

Propulseur ionique permettant une correction de trajectoire ou une éventuelle accélération en cas de tempête spatiale.

MEMORIS, LA MÉMOIRE DE L'HUMANITÉ

Dans le monde totalement dématérialisé, voire virtuel, qui semble se dessiner, le matériel n'aura plus de valeur et la connaissance constituera la véritable richesse. Les plus puissants essaieront probablement de s'emparer du savoir, de la connaissance et tenteront de les "manipuler". L'espace presque vierge des folies humaines offre, par son immensité, une zone infinie de sécurité pour la diversité des connaissances humaines. Le vide interstellaire pourrait en effet protéger le savoir populaire, les cultures anciennes de la violence d'une nouvelle sorte de pirates en cols blancs, prêts à tout pour piller ces nouvelles richesses virtuelles.
Les sondes Memoris constitueraient ainsi une flotte de monolithes de sauvegarde du savoir humain, de véritables cerveaux volants. Elles seraient envoyées chaque année au moment d'une grande fête internationale du savoir. Chaque sonde émettrait en permanence des messages d'existence d'une espèce intelligente. Elle participerait par là-même aux recherches du Seti (Search of Extra-Terrestrial Intelligence) en étant un message significatif d'intelligence, à destination d'éventuelles formes de vie ayant prospéré en dehors de l'écosystème terrestre. Elle réceptionnerait en permanence le savoir humain envoyé par un émetteur nourri par une compilation compressée d'informations transmises par les réseaux du monde entier, grâce à des logiciels identifiant des mots-clés définis par des experts issus des grandes bibliothèques du monde : la bibliothèque du Congrès de Washington ; la Bibliothèque nationale de France ; la bibliothèque de l'Université d'Oxford... Les informations envoyées vers les paraboles des sondes Memoris essaieraient de ne pas prendre parti, en respectant une approche transversale des savoirs humains : le bonheur, les malheurs de l'humanité, l'évolution biologique de l'écosystème, les mutations technologiques, la solidarité, les loisirs, la liberté...
L'ensemble des sondes Memoris créerait une espèce de carapace électronique de liberté de pensée autour de la Terre. Pour être sûr qu'il reste pour toujours des traces même infimes, d'une intelligence supérieure qui se sera peut-être autodétruite, les sondes disperseraient régulièrement, dans le vide sidéral, de véritables bouteilles à la mer galactique de ce que l'homme a fait de mieux. Ces sauvegardes ultimes auraient la forme de minidisques de mémoire, blindés antiradiations et protégés par des miniboucliers. Elles contiendraient un condensé des connaissances de base du savoir humain.

L'ESPACE POURRAIT NOUS PRÉMUNIR D'UN DÉRAPAGE DU SAVOIR, FUSION ENTRE LA TECHNOLOGIE ET LE VIVANT

La science donne le vertige face au futur proche et palpable qu'elle permet d'entrevoir. Chaque époque prépare en effet la suivante en s'appuyant sur le substrat historique, culturel, sociologique, technologique généré par des siècles de vie humaine. Nous avons quitté la civilisation des machines, de la production de masse. Nous savons tout démultiplier et conserver dans le temps : la vitesse, l'énergie, les images, les sons, les odeurs, le goût et même la vie (par le clonage). De ce compost, quelle vie nouvelle allons-nous faire naître ? La futurologie est tout d'abord généralement encombrée de problèmes fondamentaux géopolitiques, de luttes d'influence, de guerres de religion. En ce domaine, les prédictions sont aussi fausses que les prévisions concernant la science et la technologie, car l'homme est aussi imprévisible que son génie, son pouvoir d'adaptation et son talent d'invention. À la fin du siècle dernier, on ne savait que très vaguement quels seraient les enjeux et les évolutions de la science au XXIe siècle. Quelques prévisions se vérifient cependant : ainsi la loi de Moore qui veut que la puissance d'une puce électronique double à chaque nouvelle génération, tous les deux ou quatre ans. Une autre loi calcule que, à chaque étape, le temps nécessaire pour doubler le contenu du savoir est divisé par deux. Si une telle loi perdure, en 2020, le savoir doublera tous les soixante-douze jours, puis tous les trente-quatre jours, et deviendra peut-être, la même année, incontrôlable… Nul ne saurait donc nier l'accélération et la complexité croissante de la "technoscience" humaine.

Le cerveau artificiel intègre les mémoires vives d'un ordinateur photonique et peut-être biologique à synapses, alimenté par des panneaux solaires disposés sur le dos du bouclier.

OYSTER

Libre de la pesanteur, l'espace permet la genèse de nouveaux matériaux dans des conditions extrêmes. Et si on y installait une unité de production de matières parfaites ?

Four solaire à creuset magnétique, qui permet à la station d'élaborer les matériaux de sa coquille ultralégère mais résistante, en composite silicium-carbone spatial. Ce matériau génère un courant électrique lorsqu'il est exposé aux UV, et remplace des millions de cellules solaires photovoltaïques assurant ainsi à la station son autonomie énergétique.

Cages flottantes pour l'exposition de matériaux aux radiations spatiales et aux pluies de particules solaires, afin de tester leur résistance. Attachées par des filins souples, ces cages ne peuvent pas rentrer en collision avec la station car dans l'espace, tout se déplace à une vitesse relative, même si elle est de 28 000 km/h ! Malgré tout, un système de largage automatique est prévu en cas de différentiel de vitesse inopiné.

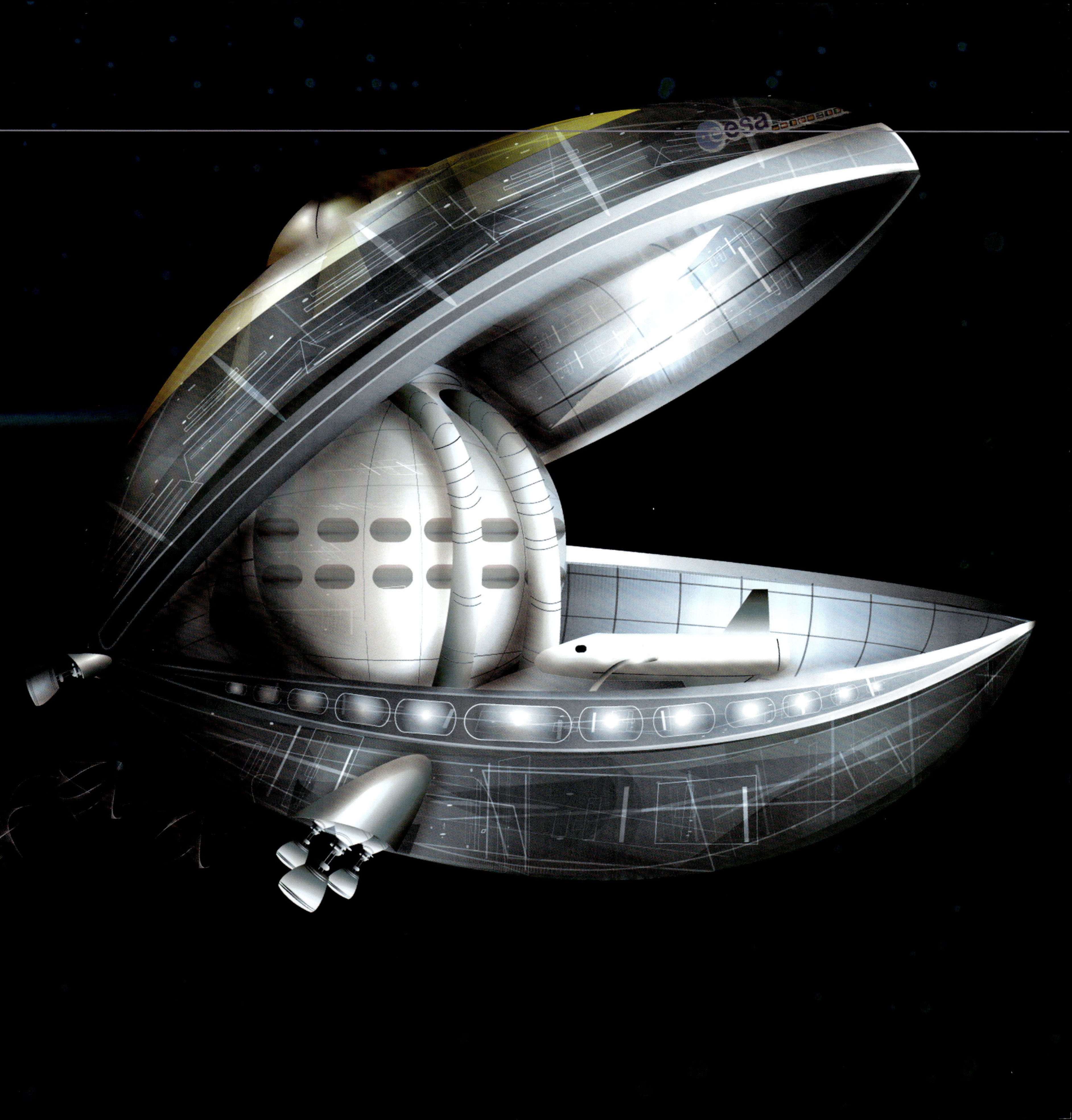
esa

OYSTER, LES MATÉRIAUX DE DEMAIN

Dès le début de la conquête spatiale, les hommes se sont intéressés au potentiel scientifique et technologique de la la microgravité. La véritable apesanteur n'existe en effet pas, à proximité de la Terre et même dans le système solaire proche, car il y a toujours une planète ou une étoile pour provoquer une attraction gravitationnelle, même ténue. Les premières expériences véritablement poussées ont eu lieu dans Skylab et surtout dans Spacelab installé dans la soute de la navette spatiale américaine. La microgravité possède des effets très intéressants sur la croissance des cristaux ou la genèse de nouveaux matériaux, par exemple.

On peut envisager de développer dans l'espace des cristaux et alliages parfaits. Oyster permettrait ainsi de mettre au point des matériaux capables de résister à de très hautes températures ou des conditions extrêmes. Des matériaux fiables de rentrée dans l'atmosphère qui remplaceraient, à terme, les tuiles de céramiques coûteuses et fragiles de la navette spatiale américaine. Il reste encore à élaborer des matériaux pour protéger les sondes devant se rapprocher du Soleil ou tenter de se poser sur les planètes lointaines du système solaire ; creuser la banquise gelée d'Europe, satellite de Jupiter ; s'engloutir dans les tempêtes d'ammoniac de Jupiter ; ou encore survivre quelques jours sur la surface brûlante de Vénus. On procéderait également sur Oyster à l'exploitation spatiale des matières premières naturelles dans des conditions de pureté optimales, permettant la réalisation de puces informatiques de très haute performance. Oyster, comme l'indique son nom, est un hommage à la production de matière rare et précieuse par une espèce vivante. Oyster adapterait des principes biomimétiques à un véhicule spatial.

Tuyères et moteurs d'attitude pour corriger l'orbite, l'altitude et la position de la station par rapport au Soleil.

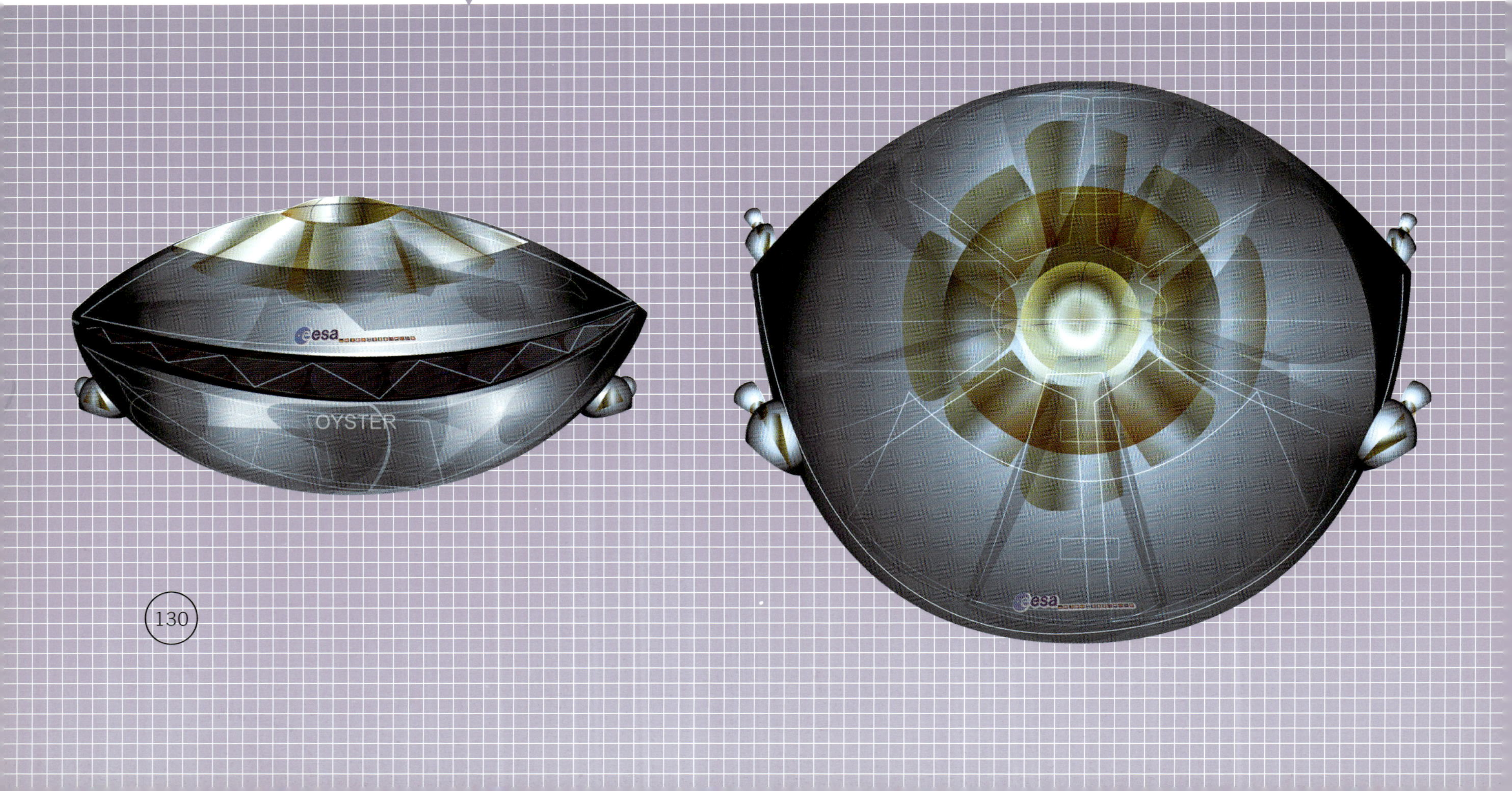

Construite comme une grosse boule très résistante à partir de modules préfabriqués, elle se fermerait en cas de tempête de micrométéorites ou d'éruption solaire trop importante. Fermée, elle se transformerait en cage de Faraday et permettrait ainsi de faire des cristaux parfaits ou des matériaux nouveaux et encore inconnus. Au-delà de ses fonctions industrielles, le four permettrait des recherches sur de nouvelles sources d'énergies, de nouveaux carburants pour les futures missions spatiales et, surtout, assurerait la climatisation de l'ensemble de la station par un système plus traditionnel d'échangeurs thermiques. Le programme de recherche d'Oyster est immense et sa construction initierait même ses propres découvertes. On peut envisager qu'Oyster soit financée entièrement par les industriels qui l'utiliseraient pour produire les matériaux de demain.

L'INDUSTRIE SPATIALE FAIT PROGRESSER LES RECHERCHES SUR LES ÉNERGIES DE DEMAIN

L'énergie solaire qui rayonne au-dessus de nos têtes est très séduisante car, en provenance de notre étoile le Soleil, elle ne devrait pas se tarir avant plusieurs milliards d'années. L'énergie solaire peut être utilisée sous forme thermique comme chauffage solaire passif, par exemple, ou sous forme photovoltaïque pour produire l'électricité à partir de cellules en silicium monocristallin, multicristallin, amorphe ou en Arseniure de Gallium dont le rendement et le coût sont nettement plus élevés. La fabrication des cellules possède l'inconvénient majeur d'être très polluante et gourmande en énergie. L'énergie solaire est par nature intermittente, et il faut coupler sa production à des batteries ou au réseau électrique qui prend le relais la nuit ou par mauvais temps. De par son coût d'investissement élevé et son rendement relativement faible, l'énergie solaire est plutôt destinée à un usage individuel, pour le chauffage de l'eau ou la desserte en électricité de sites isolés et non raccordés au réseau. Il faudrait en effet, avec les technologies actuelles, un panneau solaire géant carré de 250 kilomètres de côté pour subvenir à la consommation énergétique d'un pays comme la France ! Mais de nombreuses recherches sont effectuées pour améliorer la productivité d'une source d'énergie éternelle (à l'échelle humaine) et sans effet polluant conséquent. Les principales recherches portent sur l'amélioration du stockage de l'énergie, l'optimisation des systèmes et des cellules elles-mêmes. Pour le XXIIe siècle, on rêve également de gigantesques miroirs spatiaux qui feraient converger les rayons solaires sur des fours thermiques puissants. Ou encore de panneaux solaires gigantesques disséminés partout dans l'espace comme le propose un projet soutenu par la Nasa. La fusion thermonucléaire contrôlée est, par ailleurs, probablement la source d'énergie d'avenir, mais on est encore très éloigné d'une réalité industrielle de production. Un projet lancé en 1992, rassemble l'Europe, le Japon, la Russie. Dénommé Iter (International Thermonuclear Experiment Reactor), il doit décider en 2001 la construction d'un réacteur de fusion nucléaire. Il a pour combustible l'hydrogène, ressource inépuisable. Le CEA (Commissariat à l'énergie atomique), qui gère le projet pour la France, ne prévoit pas de production industrielle d'électricité avant 2050. À très long terme, on rêve également de générateurs quantiques utilisant l'antimatière comme source d'énergie : tout contact de matière et d'antimatière génère beaucoup d'énergie. Reste à produire une importante quantité d'antimatière, à la stocker dans des conteneurs dont les parois virtuelles ou de matière ne réagiraient pas au contenu, ce que l'on pense pouvoir maîtriser au XXIIIe siècle...

▲
**Radar de guidage des aveugles sur Terre
après formation au sein de la station.**

LIBERTÉ

L'impesanteur libère le corps de son poids et la vue de notre planète génère des émotions indescriptibles. Pourquoi ne pas faire de l'espace une nouvelle chance de bonheur pour les handicapés moteurs, les autistes… ?

Une station en forme de gélule.
L'espace pourrait être le médicament de la liberté.

Grand dôme géodésique en verre Space Certified et électrochromatique. Le passage d'un courant électrique rend transparent le verre opaque.

Magnétosurf. Des planches de surf sont maintenues sur un filet au maillage magnétique formant des vagues. La polarité des champs magnétiques change régulièrement, créant un véritable effet de roulis.

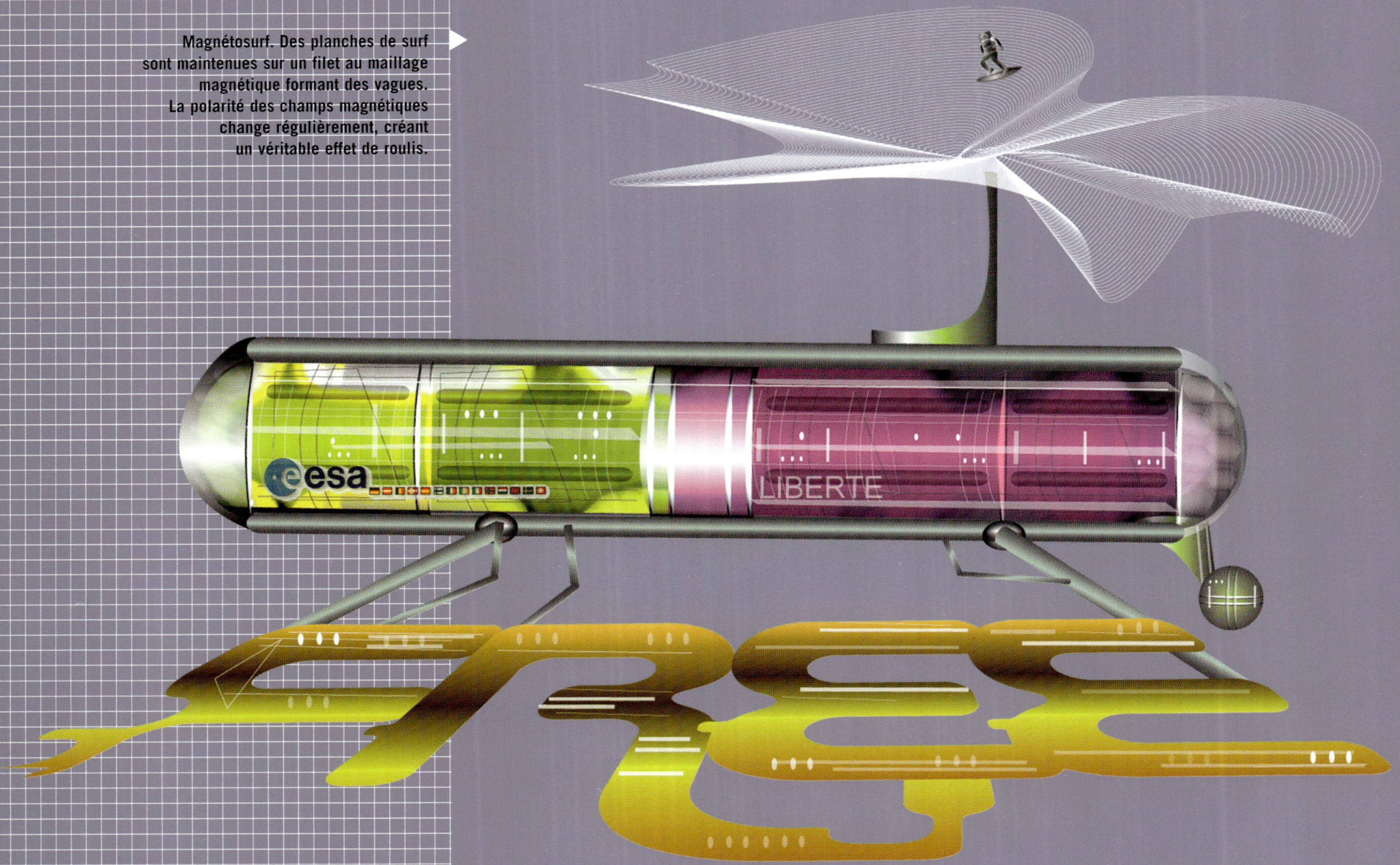

Panneaux solaires évoquant la liberté. Une forme désordonnée, anarchique inscrivant *Free* (libre, en anglais) en lettres de lumière dans l'obscurité du néant spatial.

LIBERTÉ, L'APESANTEUR SOCIALE

La pesanteur qui nous fait tenir debout réduit les possibilités de mouvement et d'expression du corps. Sur Terre, on ne peut pas aller contre les lois de la nature et de la physique. Au-delà de l'orbite terrestre, c'est tout le contraire. L'impesanteur libère le corps de son poids, l'homme peut enfin voler et les sensations procurées sont indescriptibles. Tous les spationautes, même les plus rigoureux ou les plus secrets, sont redescendus de l'espace en tenant des propos émotionnels très forts. C'est probablement la vision extérieure de notre belle planète Terre qui les a le plus bouleversés, changeant souvent leur conception du monde et de l'humanité. Certains ont même évoqué la sensation d'une orange bleue entourée de cellophane à l'atmosphère si fragile et si ténue...

La station Liberté entend utiliser toute cette émotion pour essayer d'aider l'homme à ressentir ce qui le différencie fondamentalement de l'animal. La station Liberté rendrait l'homme libre, égal aux autres, son corps n'aurait plus d'appartenance et son esprit s'ouvrirait alors à d'autres dimensions. Cette station serait le premier espace offrant une véritable liberté de mouvement aux handicapés moteurs. Dès le décollage des navettes de mise en orbite, ils quitteraient ainsi la pesanteur de leur vie et de leur handicap. La station Liberté serait équipée pour recevoir tous les blessés de la vie : les enfants gravement malades, les autistes... Car nul ne peut rester indifférent à un tel spectacle, un tel changement de contexte. On peut espérer que le choc émotionnel bouleverse les autistes et les aide à sortir de leur mutisme. On expérimenterait dans la station Liberté de nouvelles méthodes de soin des maladies psychiques, le guidage des aveugles par satellites.

Car tout serait fait pour stimuler le meilleur de l'homme. Dès leur arrivée, les participants à ces croisières seraient fêtés, ils revêtiraient une combinaison thermosensible à même la peau et qui soulignerait de couleur vive le battement de leur cœur. Ils pourraient ainsi évoluer en toute liberté dans un tunnel de cordes lumineuses de redécouverte de la mobilité spatiale. Ils apprendraient la danse spatiale dans un espace vierge d'expression corporelle où les hauts-parleurs seraient dissimulés derrière les murs capitonnés, lumineux, avec variation du rythme musical en fonction des mouvements. Ils disposeraient également d'une salle de jeux, d'une bulle close pour l'expression artistique éphémère où ils sculpteraient une matière molle et fluorescente réutilisable grâce à un pistolet injecteur/récupérateur. Ils bénéficieraient de techniques de rééducation corporelle révolutionnaires. Ils découvriraient silencieusement la beauté de l'Univers par l'ouverture cérémoniale d'un grand dôme géodésique en verre Space Certified et électrochromatique. Le passage d'un courant électrique rendrait transparent le verre opaque. Ils pourraient enfin connaître le vertige ultime d'une séance de surf dans le vide spatial grâce au magnétosurf.

Plus dure serait la descente sur Terre, plus forte serait la motivation du retour. Pourquoi les blessés de la vie ne bénéficieraient-ils pas du droit au bonheur absolu, ne serait-ce que pour quelques jours ?

Petits moteurs permettant une réorientation régulière.

Nœud-module d'accostage. Il contient un petit conteneur de survie humaine pour abriter des missions de réparation ou pour servir de poste de secours en cas de détresse de véhicules ou stations à proximité.

SIXIÈME SENS

L'augmentation du volume d'informations à transmettre va nécessiter le développement de réseaux de plus en plus performants. Et si on situait le centre des communications en orbite autour de la Terre ? Le futur de l'Internet serait-il dans l'espace ?

Antenne parabolique géante, pliable, en voile souple photovoltaïque assurant une partie des besoins énergétiques de la station.

SIXIÈME SENS, LES NOUVELLES COMMUNICATIONS DE DEMAIN

Les moyens de communication vont probablement continuer à se développer avec toujours plus d'informations, de données à échanger entre toujours plus d'individus, d'émetteurs et de récepteurs. Les sociétés de communication coopèrent largement au développement de l'économie mondiale et, au-delà des vagues spéculatives, elles génèrent plus de richesse que n'importe quelle autre industrie.

La transmission des données constitue souvent le facteur limitant du développement de ces sociétés. Sixième Sens ferait partie d'un dispositif à très haut débit, indispensable pour les transmissions d'information des décennies à venir. À l'inverse des myriades de satellites à la vie courte, la station Sixième Sens serait une véritable plate-forme de réception/émission permanente et réparable, placée en orbite géostationnaire à 36 000 kilomètres de la Terre. Cette plate-forme démontable permettrait de s'adapter aux évolutions technologiques des moyens de communication. Sa grande taille permettrait de traiter une masse importante d'information et sa durée de vie devrait être beaucoup plus longue. Elle couvrirait une plus grande zone de réception, un plus grand nombre d'utilisateurs grâce à sa parabole géante pliable, en voile solaire souple. Elle serait l'épicentre nerveux d'un réseau de communication de petits satellites, une sorte de module transpondeur géant. Sixième Sens serait composée de quatre modules de communication appartenant à des opérateurs distincts. Autour des modules, des rampes standard permettraient l'accrochage de différents radars, paraboles ou équipements de transmission.

Les satellites ont commencé par transmettre du son pour la téléphonie puis de l'image pour la télévision, demain ils transporteront des sensations numériques : le toucher virtuel, les odeurs virtuelles, les sensations neuro-transmises et pourquoi pas la téléportation de petits objets simples dans quelques dizaines d'années ? Sixième Sens permettrait la mise en place de réseaux à très haut débit comme Internet-II, III ou IV, les générations technologiques qui succéderont aux GPRS, à l'UMTS, intégrant les cinq sens. Créant ainsi de nouveaux supports de communication par un transfert d'informations, directement sur les zones sensibles du cortex équipées de microcapteurs qui généreraient la perception des odeurs ou d'un vécu en trois dimensions, voire dans des dimensions supplémentaires. On pourrait ainsi envoyer des bouquets de roses parfumées ou plutôt la sensation d'odeur de rose à un être aimé, ressentir le toucher grâce à des élastomères piézo-sensibles pourvus de micro émetteurs... Cette station permettrait un repérage individuel de son véhicule, de ses enfants sur une carte électronique, grâce au système européen de navigation Galileo. Sixième Sens permettrait également de lutter contre les trafics illégaux grâce à la surveillance de déplacements suspects. Chacun aurait cependant la liberté de couper momentanément son petit émetteur personnel. Cette station pourrait également protéger l'Europe d'une tentative de contrôle extérieur et lutter pacifiquement contre l'espionnage en brouillant la perception hors d'Europe des communications intra-européennes. Sixième Sens transmettrait, enfin, parfaitement les communications entre la Terre et les autres planètes comme la Lune ou Mars, et devrait permettre l'essai de communications dans des situations extrêmes, ou pour des récepteurs très lointains, en dehors du système solaire, par exemple.

Cellule nerveuse humaine
se développant sur
un circuit intégré.
Les puces informatiques
du futur combineront
les composants biologiques
et électroniques.

DE L'ESPACE, UNE PLUIE DE PUCES ET DES ORDINATEURS TOUJOURS PLUS PERFORMANTS...

L'ordinateur a fortement progressé grâce aux programmes spatiaux, en particulier Apollo. Le poids est l'élément le plus coûteux de l'industrie spatiale, imposant une miniaturisation toujours plus poussée des composants et systèmes d'information embarqués.
Tous les développements technologiques des prochaines années demandent un accroissement considérable de la puissance de calcul et de la capacité de mémoire des ordinateurs qui devront pourtant être de plus en plus petits. L'espace joue donc le rôle de catalyseur, de simulateur de recherche. Il en est cet aiguillon nécessaire à la progression des connaissances de par ses contingences imposant le maximum d'informations, dans le minimum de temps, et traité sur des supports petits et légers. La puissance de calcul des superordinateurs ne cessera de progresser grâce à un travail simultané – massivement parallèle – permis par des réseaux à très haut débit et la mise en place successive d'Internet-II et III. Demain, à l'image d'un cerveau géant, certaines sessions de calcul vont faire le tour de la planète et de milliers d'ordinateurs…
D'un autre côté, la course à la miniaturisation va continuer. D'ici à 2005, 2010, la taille des transistors devrait devenir si petite – quelques centièmes de microns – que des phénomènes néfastes, d'ordre quantique, pourraient venir perturber leur fonctionnement. Des fuites d'électrons risqueraient de se produire, entraînant la perte d'informations. Les chercheurs devront donc renforcer la fiabilité d'équipements de plus en plus miniaturisés. Pour ce faire, émerge une nouvelle technologie, l'"électronique de spin" qui fonctionne à partir de champs magnétiques appliqués aux semi-conducteurs et qui contrôle la valeur du bit.

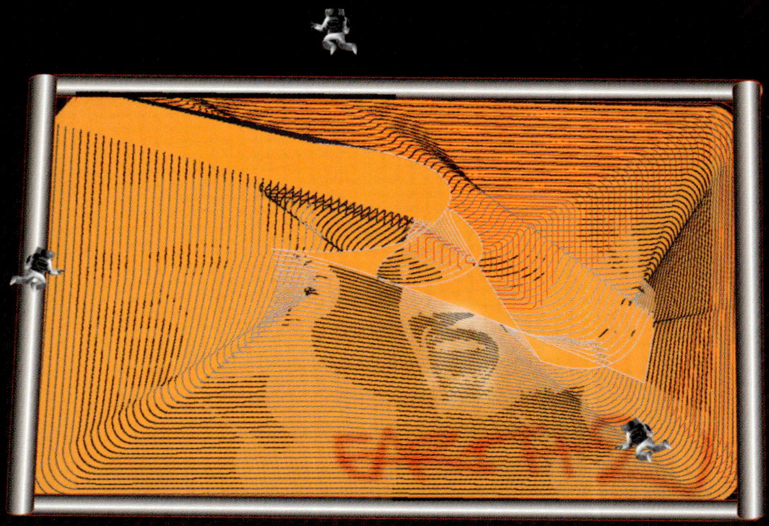

Artiste spationaute effectuant
un tag contestataire spatial.

SPACE OPERA

L'Art élève l'homme, et a, de tout temps, marqué de sens les grandes étapes de l'Histoire. La vie spatiale est maintenant une réalité. Et si des artistes prenaient possession de l'espace ?

Plate-forme équipée de propulseurs
qui remontent régulièrement
la station entraînée lentement
mais irrésistiblement vers
la surface de la Terre.
Elle abrite un module de résidence
pour les artistes de passage.

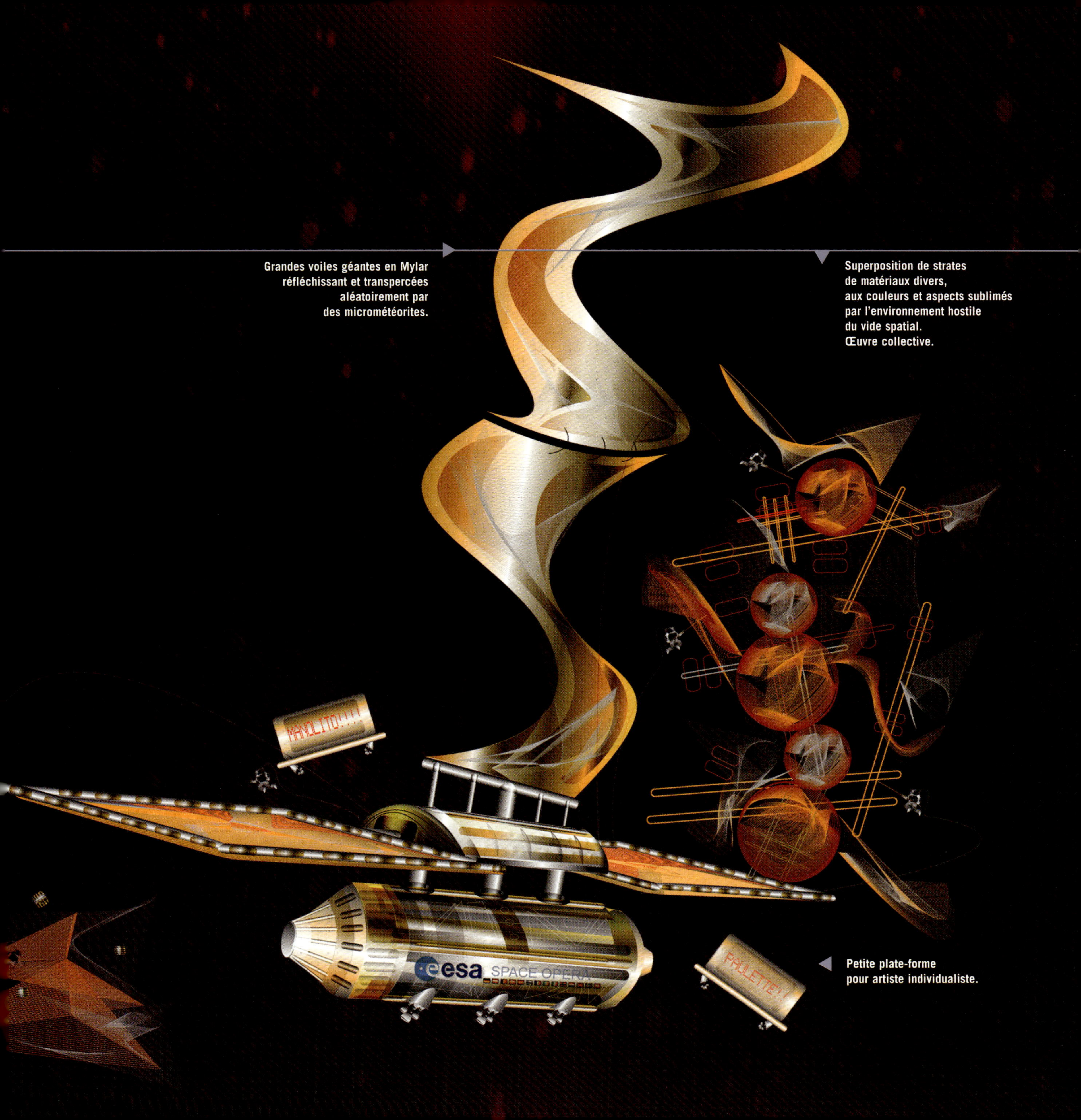

Grandes voiles géantes en Mylar
réfléchissant et transpercées
aléatoirement par
des micrométéorites.

Superposition de strates
de matériaux divers,
aux couleurs et aspects sublimés
par l'environnement hostile
du vide spatial.
Œuvre collective.

Petite plate-forme
pour artiste individualiste.

SPACE OPERA, ÉMERGENCE DE L'ART SPATIAL

L'Art est le propre de l'homme. Cette affirmation peut apparaître comme une parodie de la référence au rire ; en effet, à chaque tournant de civilisation, une nouvelle forme d'art vient éclairer, transcender les progrès réalisés, sans réelle utilité dans la survie de l'espèce. Pour communiquer, marquer son territoire, marquer sa présence temporelle, remercier un dieu, pour l'expérience de la beauté tout simplement. Il y a eu l'âge de pierre, du bronze, du fer, l'invention de l'écriture, de la machine à vapeur, du béton, du plastique : à chaque fois des œuvres artistiques sont venues caractériser les époques. Il est impossible de comprendre l'Art sans l'Histoire, et inversement. Il apparaît donc évident que l'installation de l'homme dans l'âge spatial générera de nouvelles formes artistiques grâce au potentiel offert par les nouvelles technologies et le contexte extrême de la vie hors de l'atmosphère terrestre, d'abord au sein de notre système solaire, puis au-delà !

« Le champ des possibles est immense : l'artiste est un avion furtif de la culture », selon l'artiste contemporain Nicolas Bourriaud. Dans le contexte très technologique de l'espace, que soulignera-t-il, enthousiaste ou pessimiste, acerbe ou tendre ? Qu'est-ce qu'un atelier spatial, sinon le champ de l'immensité absolue ? Comment marquera-t-il cette immensité glacée, d'un petit graffiti humain contestataire, dérisoire mais indispensable ? Quelles histoires racontera-t-il, et à qui ? Existera-t-il un style, une époque, un Art spatial ? À quand la formation d'un académisme qui sera forcément décrié par des successeurs agités ? L'Art spatial nous ramène directement à la définition de l'Art. L'Art spatial aura forcément besoin de mécènes, terriens fortunés et visionnaires, ou enrichis de l'industrie spatiale en quête de reconnaissance interplanétaire. L'Art spatial sera probablement à l'image de Florence, de la vallée de la Loire ou plus récemment de Las Vegas, et chaque puissant voudra laisser la trace de sa munificence.

La station orbitale spatiale artistique serait comme une petite cité des arts à la croissance aléatoire, où le détournement partiel des travaux des uns servirait de terreau à l'expression artistique des autres. Un ensemble hétéroclite aux narrations multiples, superposant des strates de matériaux divers, aux couleurs et aspects sublimés par l'environnement hostile dans lequel on pourrait se demander si l'homme a une place... Des mobiles tourneraient lentement dans le silence absolu du vide spatial, jouant habilement des violents cycles thermiques subis par un objet en orbite autour de la Terre. Un mécène financerait la plate-forme équipée de propulseurs qui remonteraient régulièrement la station entraînée lentement mais irrésistiblement vers la surface de la Terre. Dans quelques années, des producteurs avisés produiraient peut-être un "space opera" géant, avec décor flottant dans le vide spatial et ténors ou danseurs spationautes accrochés à cette structure. Opéra du silence absolu...

On pourrait également imaginer des jeux d'assemblage géants avec compétitions interplanétaires ou encore des jeux de rôles ou des émissions télévisées où des couples en détresse seraient confinés dans un module à moitié abandonné... Comment les créateurs de mode imagineraient-ils les tenues spatiales, forcément différentes, pour rendre ces happenings encore plus séduisants ? L'imagination humaine est sans limite. Mais militons pour que la vie dans l'espace devienne un véritable espace de création, espace ouvert vers l'infini de l'Univers !

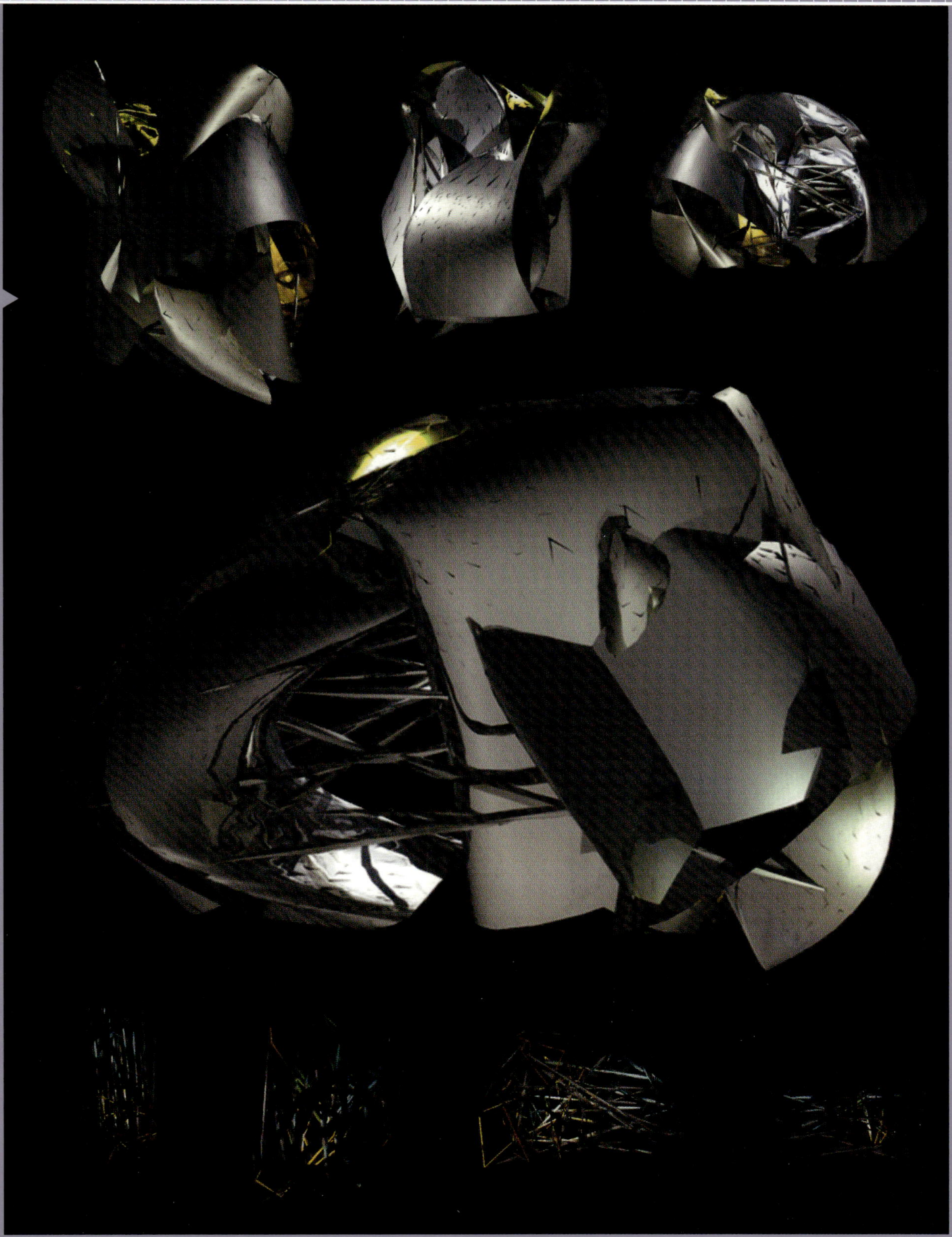

Data Driven Forms,
de Marcos Novak
(1997-1998, USA pour
Archilab-2000, Orléans) :
l'espace "nouveau" est composite,
fruit de la technologie qui fait
se juxtaposer le présent,
le local, le lointain,
le subjectif, le virtuel…
Les formes sont dérivées
de champs de données et de
leur croisement arbitraire.
En orbite autour de la Terre,
les possibilités de
cette approche créative
technologique seraient
démultipliées…

MANDALA

Au-delà de l'atmosphère terrestre, l'esprit peut s'épanouir et la spiritualité peut prendre une dimension infinie. Et si on allait se ressourcer au milieu des étoiles, loin du stress de la vie sur Terre ?

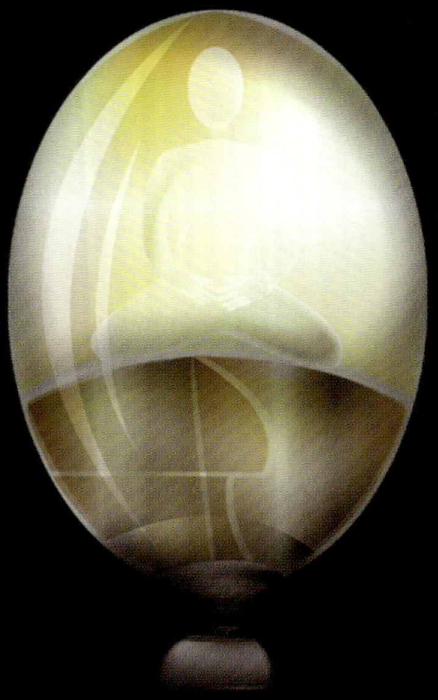

Petite capsule automatique pressurisée de méditation à vision intégrale, qui est éjectée et récupérée une fois qu'elle a fait un tour de la Terre, ralentie par de petites rétrofusées. Elle est recouverte par un cône de verre spatial, protégée des radiations par une fine couche d'or véritable.

Système optique holographique qui génère un arc-en-ciel artificiel pouvant être projeté au-dessus des zones terrestres en conflit déclaré.

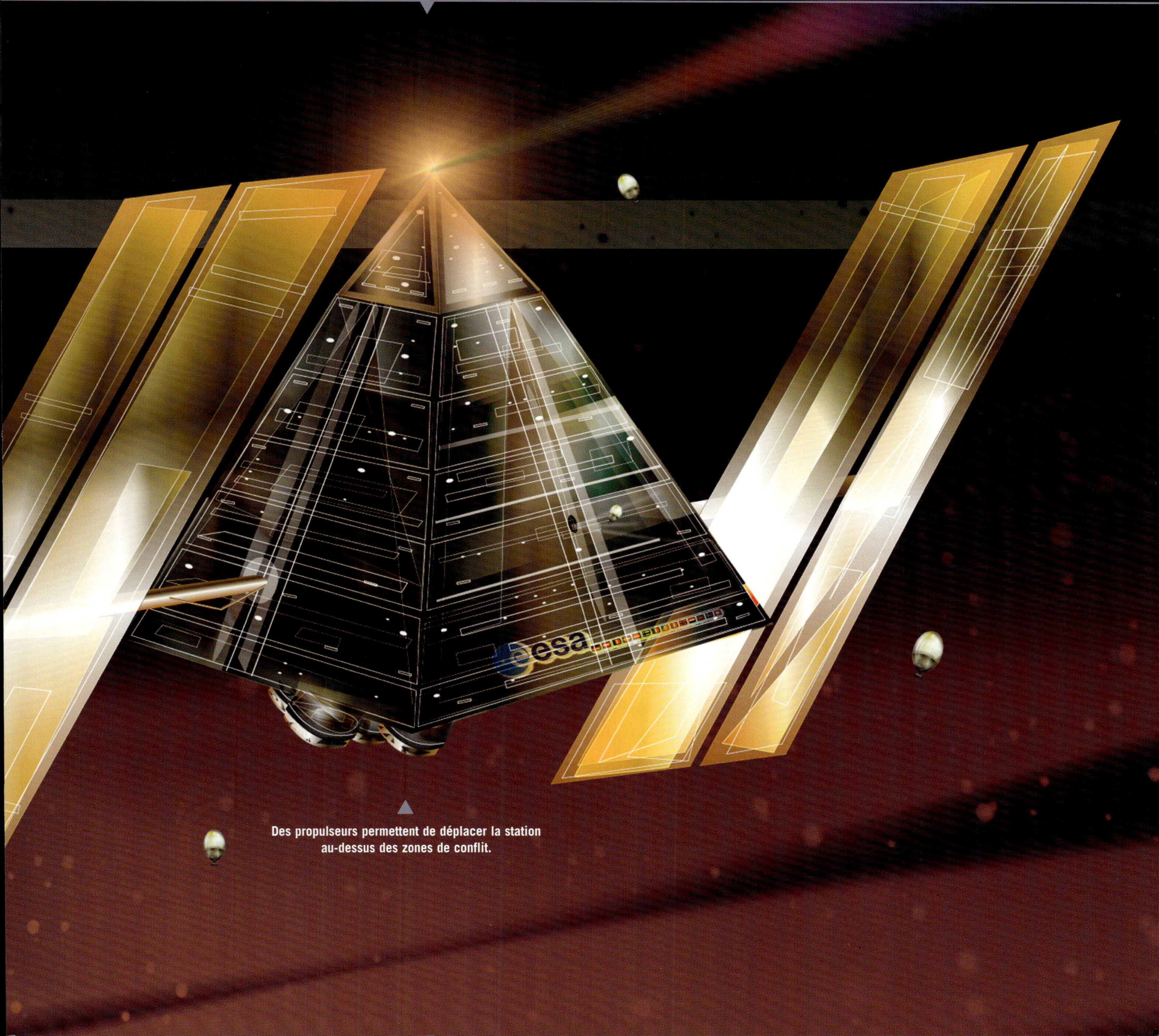

Les chemins électroniques
des panneaux solaires sont imprimés
d'après les grands textes sacrés
des grandes religions humaines.

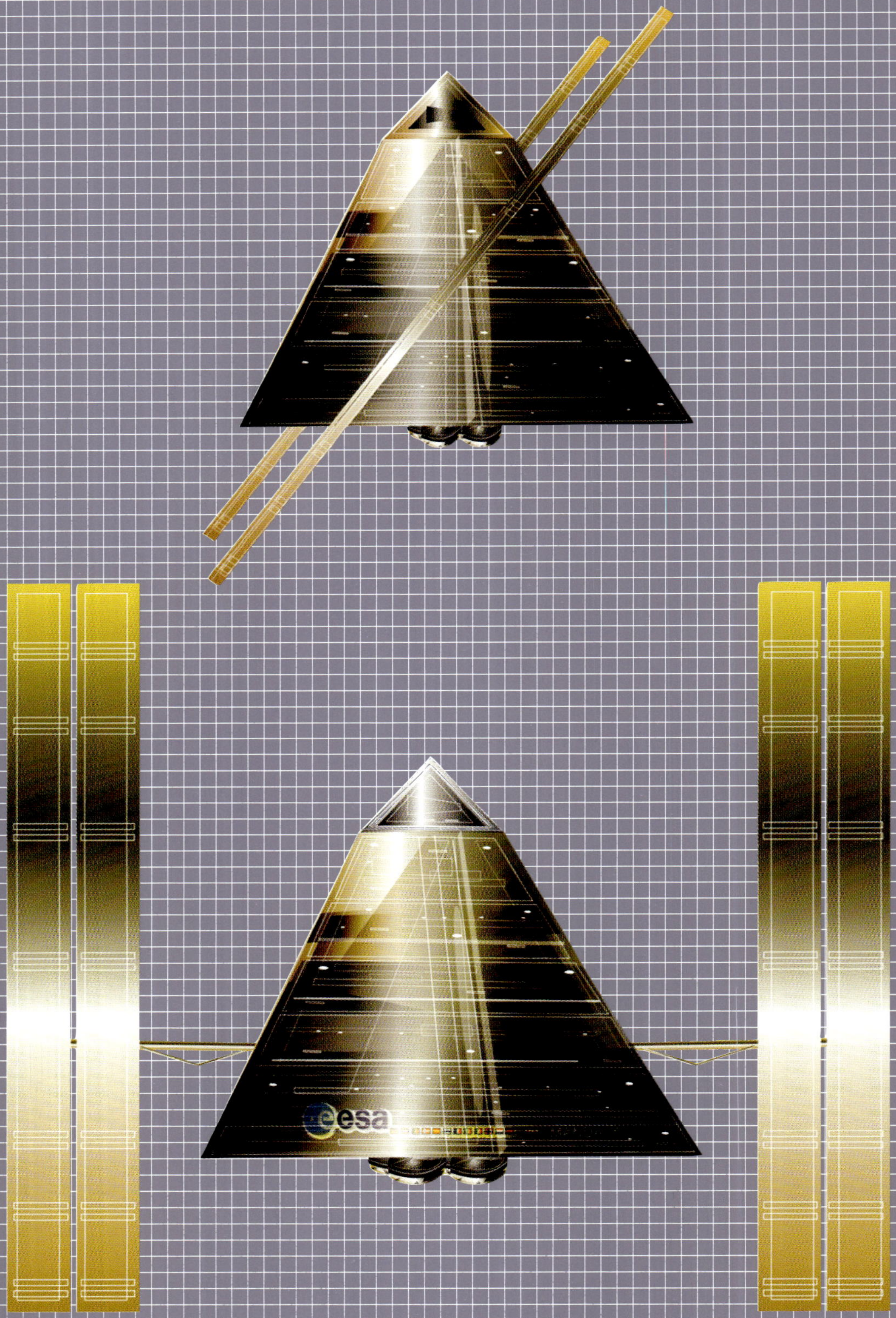

MANDALA, LA PAIX AU-DELÀ DES ÉTOILES

Au-delà de l'atmosphère terrestre, les questions qui taraudent les humains prennent la dimension d'une préoccupation lancinante face à la beauté et au vertige du spectacle spatial. Les agressions psychologiques, environnementales que l'on subit sur Terre, en particulier dans les villes, empêchent l'esprit de se libérer, de s'épanouir, d'approcher de nouvelles conceptions de la vie.
La station Mandala permettrait de développer de nouvelles spiritualités et de promouvoir la paix par la contemplation du silence et du grandiose spatial. Elle évoluerait en orbite terrestre basse (environ 400 kilomètres d'altitude). Ses aménagements intérieurs auraient été conçus pour un bien-être maximum de ses occupants, sorte de feng-shui spatial. Les matériaux utilisés seraient le plus proche possible de ceux que peut concevoir la nature. Mandala serait une pyramide composée de modules qui s'emboîteraient les uns dans les autres. Elle comporterait une salle d'ouverture d'esprit et de contemplation de la galaxie, des salles de massage, de décontraction du corps ainsi que des espaces de détente pour de nouvelles méthodes de libération de l'esprit comme le yoga spatial.
L'oxygène y serait délicatement parfumé par des effluves aromathérapiques. Les chemins électroniques des panneaux solaires seraient imprimés d'après les grands textes sacrés des grandes religions humaines : la Bible, le Coran, les textes hindous, confucéens, shintoïstes, toutes les traditions qui ont fait progresser l'humanité auraient droit de citation électronique. La station offrirait la possibilité d'effectuer un cycle de méditation totale autour de la Terre. Il faudrait pénétrer dans une petite capsule automatique pressurisée à vision intégrale, qui serait éjectée et récupérée une fois qu'elle aurait fait un tour de la Terre, ralentie par de petites rétrofusées. Elle serait recouverte par un cône de verre spatial (Space Certified), protégée des radiations par une fine couche d'or véritable. Le panorama grandiose de la planète bleue se déroulerait dans un silence absolu de cathédrale à la dimension de l'Univers. De petits miroirs convergents permettraient de concentrer la lumière solaire sur un système optique holographique qui générerait ainsi un arc-en-ciel artificiel qui pourrait être projeté au-dessus des zones terrestres en conflit déclaré. Des propulseurs permettraient alors de déplacer la station au-dessus des zones de conflit. Mandala émettrait automatiquement des messages de paix dans toutes les langues et des messages à l'intention d'éventuelles formes d'intelligence différentes selon les codes du Seti (Search of Extra Terrestrial Intelligence). Mandala offrirait la possibilité de rejoindre l'éternité par de nouvelles méthodes : des ouvertures latérales permettraient ainsi l'éjection de sarcophages avec moteurs autonomes vers les confins de l'Univers ou encore un retour terrestre en poussière avec désintégration garantie dans les couches denses de l'atmosphère. Le corps serait jeté nu, sans accessoire ou implant métallique vers la surface de l'atmosphère. Mandala permettrait également une mise en orbite longue pour un retour vers la Terre dans quelques millions d'années ou encore une crémation absolue dans le Soleil. Le rêve d'Icare à la mesure de la folie humaine.

VERS UNE SUPER-LONGÉVITÉ POUR DES VOYAGES DE TRÈS LONGUE DURÉE ?

Les évolutions des biotechnologies, des thérapies géniques permettent d'envisager la prolongation de la vie humaine et le soin de toutes les pathologies : on parle à présent de "super-longévité", voire de révolution "ultra-humaine". La plupart des gens nés autour de 1970 dépasseront les 85 ans dans les pays occidentaux et certains atteindront 135 ans. Des enfants nés autour de 1990 devraient pouvoir vivre jusqu'à 150 ans, grâce aux traitements préventifs qu'ils pourront effectuer autour de leur quarantième anniversaire, en 2030. Ceux qui naîtront à partir de 2020 pourraient dépasser les 200 voire les 500 ans. Certains scientifiques très optimistes avancent même des chiffres de 1 000 ans. Le temps pour un équipage adulte de visiter le système solaire à la vitesse actuelle… et de revenir éventuellement sur Terre. Mais que fera-t-on de vies aussi longues ? Que faire de tous ces individus sur la Terre ?

SPACE FUN

La vie spatiale est pour l'instant très spartiate et terriblement sérieuse. Et si l'espace devenait également une destination de vacances, de loisirs pour les spationautes mais également pour tous les Terriens qui en auraient envie ?

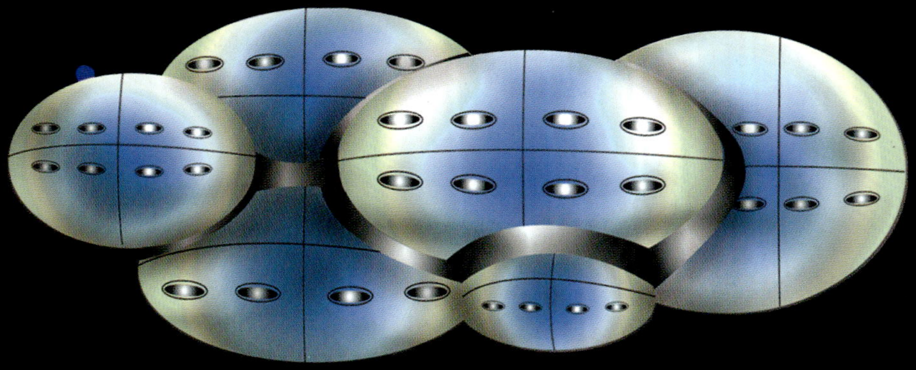

Messages et publicités projetés sur des nuages électromagnétiques spatiaux.

Ballons solaires photovoltaïques gonflés avec un gaz inerte et assurant l'autonomie énergétique de la station.

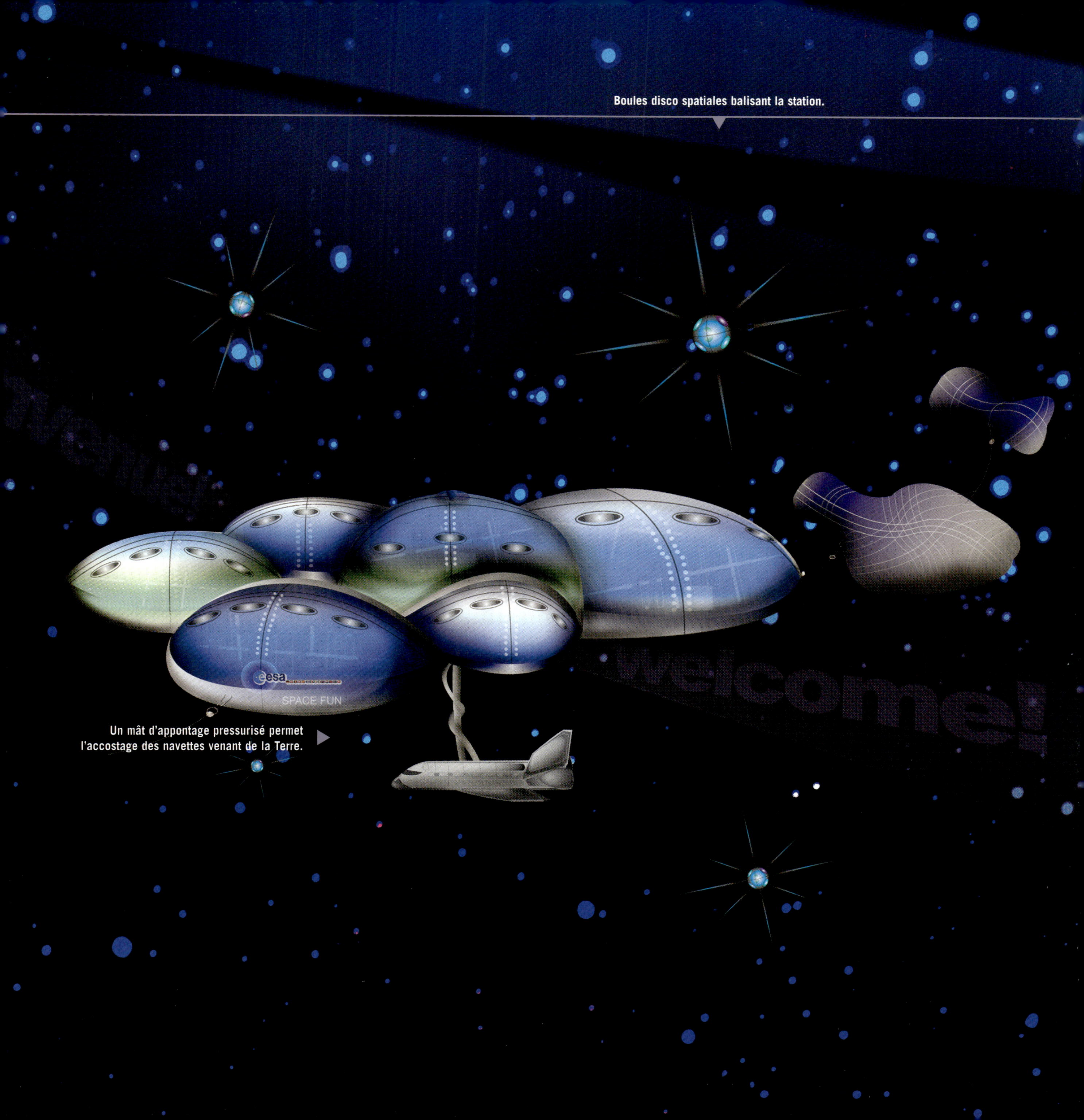

Boules disco spatiales balisant la station.

Un mât d'apontage pressurisé permet l'accostage des navettes venant de la Terre.

Capoeira au Brésil. L'impesanteur ferait découvrir de nouvelles sensations, de nouveaux plaisirs aux astro-vacanciers.

SPACE FUN, LE PLAISIR SPATIAL

L'espace de demain reflétera la vie sur Terre et on en tirera de nouveaux bénéfices permis par l'impesanteur. Si s'amuser, se divertir, se détendre, s'aimer font partie des principales activités terrestres, l'impesanteur leur conférera une nouvelle dimension. Voler, gambader dans les airs, faire des cabrioles la tête en bas feront découvrir de nouvelles sensations, de nouveaux plaisirs.

Space Fun serait un centre de loisirs spatial destiné au diverstissement des spationautes en missions longues ou simplement à des Terriens fortunés en mal de sensations fortes. Une des principales sources de financement d'une telle station serait probablement le sponsoring par des marques d'activités de loisir, de spiritueux. Space Fun serait certainement le premier prix de jeux populaires d'argent en ligne ou de Webtélévision.

Des mini satellites "boules disco" signaleraient la présence de la station et permettraient la projection de publicités spatiales visibles par les astro-vacanciers, dès leur arrivée. Un mât d'appontage pressurisé permettrait l'abordage des navettes venant de la Terre. Sa forme obligerait à des contorsions mais, avec un intérieur capitonné, elle permettrait aux hôtes terrestres de s'habituer à la microgravité de façon ludique. Leurs bagages spatiaux étant réduits au minimum (1 kilogramme par personne), ils seraient immédiatement conviés à un spacecocktail de bienvenue. Dès à présent, des marques européennes réfléchissent à l'envoi de spiritueux destinés à la consommation spatiale comme le cognac spatial. La station comprendrait trois grandes zones distinctes dont un hôtel spatial avec de petites cellules capitonnées pour une ou deux personnes. Les spationautes effectuant des missions longues pourraient ainsi y trouver un peu d'intimité et la joie de revoir l'amour de leur vie. L'impesanteur offre des possibilités incroyables pour les relations amoureuses...

Une autre zone de la station Space Fun comprendrait les espaces de loisirs spatiaux proprement dits : au centre du premier restaurant gastronomique spatial, un bar réfrigérant en nid d'abeille permettant de fixer les "bouteilles" spatiales. Un espace avec télescope proposerait de découvrir de façon agréable notre vaste Univers, des jeux vidéos virtuels en contact avec la Terre éviteraient, si besoin était, de s'ennuyer. Un grand module de danse hémisphérique permettrait des mouvements de danse à 360 degrès : l'intérieur en serait recouvert de stromboscopes spatiaux et d'hologrammes presque hallucinogènes. Une forte musique très rythmée couvrirait le bruit de la climatisation. Une double porte coulissante avec vide intérieur, une double coque de vide, protégeraient l'équilibre de la station contre les vibrations engendrées par la musique. La musique s'éteindrait en effet automatiquement quand la porte s'ouvrirait. La zone de loisirs comprendrait également une piscine de bulles d'eau, un jacuzzi spatial dans lequel on pénétrerait au travers d'un sas, nu avec un simple masque à oxygène. Une cabine de massages relaxants et réconfortants pour les corps perturbués par l'impensanteur ferait de Space Fun un lieu entièrement dévoué au plaisir et au confort des astro-vacanciers.

Une zone technique compléterait l'aménagement de la station, comprenant une cuisine, des zones de stockage, une infirmerie spécialisée dans le mal de l'espace des novices. La station serait alimentée en énergie par des ballons solaires gonflés avec un gaz inerte, permettant une génération importante d'énergie pour un poids réduit. D'ici à 2020, la technologie des cellules solaires photovoltaïques souples aura pris beaucoup d'importance dans le domaine spatial permettant la réalisation de tels ballons.

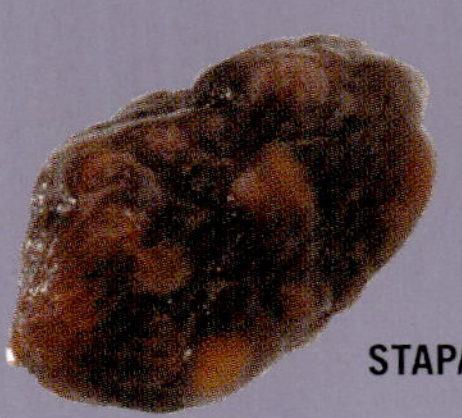

STAPAS

STAR TOAST

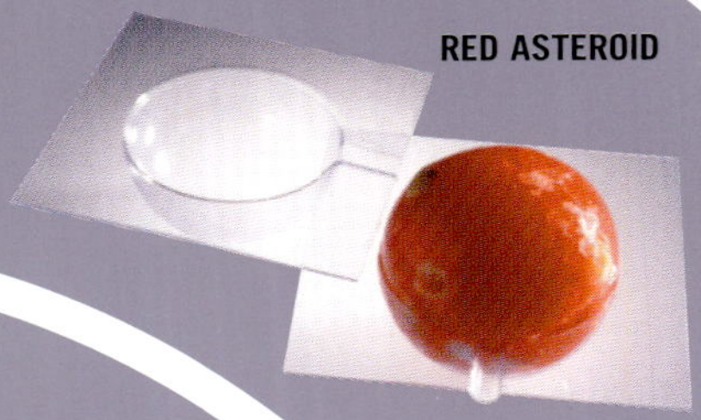

RED ASTEROID

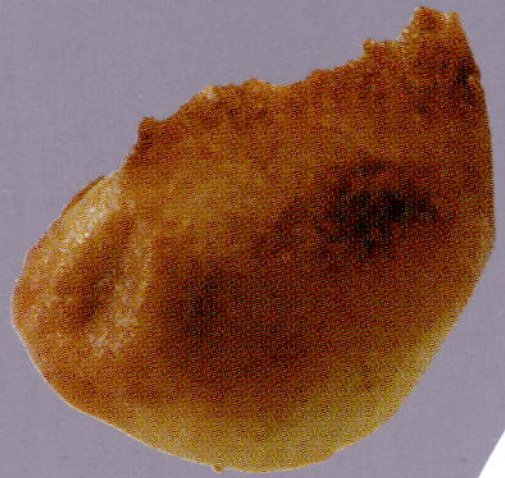

PERSEUS HAM

STAR CHEESE

MENU FESTIF
POUR SPATIONAUTES EUROPÉENS

(à partager lors de retrouvailles spatiales après des missions difficiles ou pour fêter dignement un exploit technique)

APÉRITIF

STAPAS (Tapas de l'espace), minisaucisses sèches au sel de Guérande

ENTRÉE

STAR TOAST, minichaussons au foie gras en pâte à pain à base de flocons de pomme de terre
PERSEUS HAM, boules de mousse de jambon au porto

PLAT PRINCIPAL

Assortiment FOOD GALAXY comprenant :

O'MARS, boule à base de homard et de légumes (carottes, poireaux, fenouil)
METEORITS, beignets à base de dinde, de semoule de maïs, aux saveurs épicées
STAR CHEESE, gratin en chausson à base de pommes de terre, fourré au fromage
GREEN PULSAR, boucles de feuilles d'épinard garnies de purée de céleri
RED ASTEROID, coque de tomate en gelée avec pépites de cacahuètes

DESSERT

NEWTON'S CAKE ROLL, crêpes roulées à la pomme et à la cannelle
JUPITER'S SECRET, petits-fours aux amandes, truffés de raisins mi-confits
PULP COMET, billes marbrées de pâtes fraise & mangue
BLACK HOLES, bouchées de chocolat

Menu établi avec la complicité de Robert et Arômes (Grasse) et de Geoffroy Cramailh (designer)

NEWTON'S CAKE ROLL

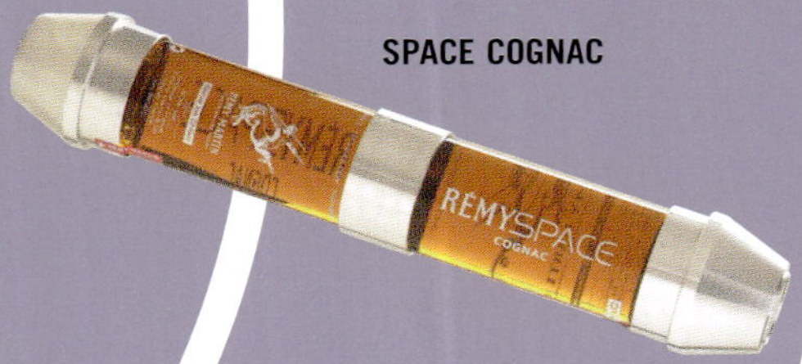

SPACE COGNAC

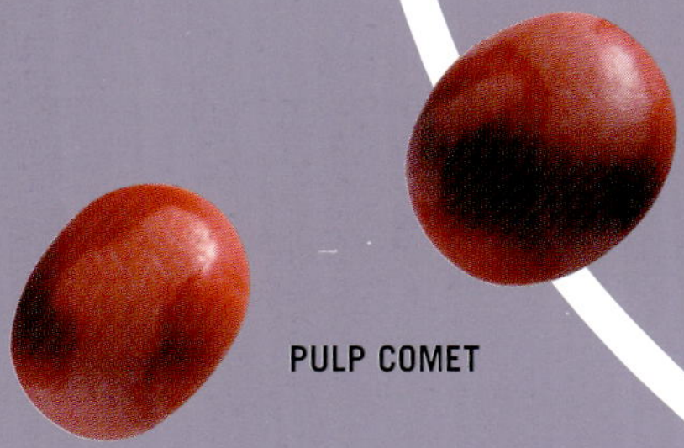

PULP COMET

GREEN PULSAR

JUPITER'S SECRET

O'MARS

S'ALIMENTER EN APESANTEUR, PLUS DE CONTRAINTES QUE DE PLAISIR

Manger et boire dans l'espace doit constituer une parenthèse de plaisir dans le quotidien des spationautes, surtout s'ils partent pour des missions longues. Un voyage habité vers Mars pourrait ainsi représenter un éloignement de près de trois ans sans retour possible vers la planète Terre. Les premiers voyages spatiaux ont imposé un régime assez peu appétissant aux spationautes. Aliments lyophilisés et bouillies en conserves. Il fallait bien l'enthousiasme des pionniers et une formation militaire stricte pour pouvoir avaler ces mixtures. Progressivement, avec les vols habités en permanence et surtout le confort de la navette spatiale américaine, les astronautes disposèrent de plus de place et les progrès technologiques aidant, les régimes alimentaires sont devenus plus appétissants. Dans ce domaine, la participation des Européens au sein de programmes américains ou russes a été déterminante…

Les contraintes pour nourrir l'homme dans l'espace sont à la fois liées à la survie de l'homme lui-même et à l'hostilité de l'environnement spatial. L'impesanteur fait subir au spationaute une perte d'eau importante, une déminéralisation de la charpente osseuse, une perte de la masse musculaire, un ralentissement du transit digestif. Les besoins nutritionnels sont sensiblement différents de ceux sur Terre, et doivent être compensés par un régime précis, équilibré, riche en protides. Il semblerait de plus que les spationautes ressentent une modification du sens du goût imposant des aliments et boissons à haute valeur gustative. L'environnement spatial oblige par ailleurs des volumes et masses minimisés, une consommation après une seule opération ou manipulation, des portions individuelles, des conditionnements étanches avec un bilan microbiologique et physico-chimique optimal. Le recyclage total de l'air impose le moins de miettes possible et l'impesanteur, une absence de phase liquide trop chaude afin d'éviter les brûlures. La sensibilité des instruments de communication et scientifiques embarqués interdit un réchauffage aux micro-ondes.

Enfin, les pauses repas constituent un lien ténu et affectif avec la vie sur Terre. Aussi des ingrédients haut de gamme et gourmands doivent dicter la composition des repas des spationautes.

DANS L'ESPACE, BOIRE BEAUCOUP MAIS DE L'EAU

La microgravité génère des pertes hydriques et d'éléments minéraux. La charpente osseuse a tendance à se déminéraliser. Les besoins hydriques journaliers des spationautes sont de 1,5 litre. Lors de fortes activités physiques, ils peuvent atteindre 4 à 5 litres. Les eaux richement minéralisées offrent une bonne réponse aux besoins spécifiques en eau des spationautes. Elles offrent une grande richesse naturelle en calcium et en magnésium, en sodium, avec des bilans microbiologiques impeccables.

Les éthiques de la Nasa et de l'Esa interdisent formellement la consommation d'alcool ou de drogues en vol. Mais de nombreuses sources auraient confirmé la consommation de vodka ou de vin en impesanteur. On peut penser que dans les décennies à venir, si l'espace est plus fréquenté, si les missions sont plus longues, il faudra tolérer une consommation modérée de petites douceurs afin de pouvoir supporter un quotidien très rigoureux. Les sous-mariniers n'ont-ils pas, eux, déjà le droit à ce réconfort ?

Certaines marques de spiritueux se préparent déjà à une future consommation dans l'espace.

Le Space Cognac, développé par Rémy Martin, est un cognac spécialement adapté à la microgravité. De par sa richesse aromatique, le Space Cognac impose une modération conforme aux contraintes spatiales où l'alcool monte plus vite au cerveau.

WEB SPATIAL

Sites Internet pour aller plus loin dans la compréhension de la conquête et l'industrie spatiales (leur contenu n'engage que leurs émetteurs).

Encyclopédie spatiale Internet :
www.astronautix.com
Sites généralistes sur l'espace :
www.spaceref.com
www.spaceandtech.com

SITES D'ASTRONOMIE

Hébergement de sites français d'astronomie :
www.astrosurf.com
Association française d'astronomie :
17, rue Émile-Deutsch-de-la-Meurthe, 75014 PARIS. Tél. : 01 45 89 81 44
afa@cieletespace.fr
Astrovirtel, observatoire astronomique virtuel européen :
http://ecf.hq.eso.org/astrovirtel
Hubble, télescope spatial européen : *http://hubble.esa.int*

AGENCES SPATIALES

Homepage du webring de la Nasa (agence spatiale américaine) : *www.nasa.gov*
Station spatiale internationale (ISS) : *www.estec.esa.int/spaceflight*
Homepage du webring de l'Esa (Agence spatiale européenne) : *www.esa.int*

Allemagne
Deutsches Zentrum für Luft und Raumfahrt (DLR) : *www.dlr.de*
Belgique
Centre spatial de Liège : *www.csl.ulg.ac.be*
Canada
Canadian Space Agency (CSA) : *www.space.gc.ca*
Chine
China Great Wall Industry Corporation (CGWIC) : *www.cgwic.com*
Espagne
Instituto Nacional de Técnica Aerospacial : *www.inta.es*
France
Centre national d'études spatiales (Cnes) : *www.cnes.fr*
Centre d'études et de recherches de Toulouse (Cert) : *www.cert.fr*
Italie
Agenzia Spaziale Italiana (Asi) : *www.asi.it*
Japon
National Space Development Agency (Nasda) : *www.nasda.go.jp*
Pays-Bas
National Aerospace Laboratory (NLR) : *www.nlr.nl*
Space Research Organization Netherlands (Sron) : *www.sron.nl*
Portugal
Companhia Espacial Portuguesa, Lda : *port.space@ip.pt*
Royaume-Uni
British National Space Center : *www.bnsc.gov.uk*
Russie
– Académie des sciences russes, Centre de recherches spatiales :
www.iki.rssi.ru
www.russianscientists.com
– Site sur les technologies spatiales russes :
www.rosaviakosmos.ru/english
– Site Nasa en anglais sur l'Agence spatiale russe (RKA) :
http://liftoff.msfc.nasa.gov/rsa/rsa.html
– Site en anglais sur l'industrie spatiale russe : *www.fas.org/spp/civil/russia*

TRANSFERT DE TECHNOLOGIES SPATIALES

Programme de transfert de technologies de l'Esa (Esa TTP) :
www.esa.int/technology
Place de marché technologique supportée par l'Esa :
www.technology-forum.com/frameset.htm
Association of Plastics Manufacturers in Europe (APME) :
www.apme.org (plastique et espace)
www.T4Techonline.com (transferts de technologies plastiques spatiales)

VIE DANS L'ESPACE

Institut de médecine et de physiologie spatiales (Medes) : *www.medes.fr*

SITES PROSPECTIFS SUR L'ESPACE

Innovative Technology in Science Fiction (ITSF),
Nouvelles technologies dans la science-fiction appliquées au domaine spatial : *http://itsf.spaceart.net*
Seti Institute Online (The Search for Extraterrestrial Intelligence) **:** *www.seti-inst.edu*
The Planetary Society : *www.planetary.org*
The Mars Society : *www.mars-society.com*
Section française de The Mars Society : *www.astrosurf.com/planete-mars/*
Union pour la promotion de la propulsion photonique (U3P) : *www.u3p.net*

LANCEURS & INDUSTRIES SPATIALES EUROPÉENS

Arianespace : *www.arianespace.com*
Astrium : *www.astrium-space.com*
Dassault Aviation : *www.dassault-aviation.fr*
EADS : *www.eads.net*
Lanceurs EADS : *www.lanceurs.aeromatra.com*
Eurockot : *www.eurockot.com*

LANCEURS & INDUSTRIES SPATIALES AMÉRICAINS

Boeing : *www.boeing.com*
Bigelow Aerospace : *www.bigelowaerospace.com*
Kellyspace : *www.kellyspace.com*
Kistler Aerospace : *www.kistleraerospace.com*
Orbital : *www.orbital.com*
Rocketplane : *www.rocketplane.com*
Rotaryrocket : *www.rotaryrocket.com*
Sea-Launch : *www.sea-launch.com*

ESPACE ET ÉDUCATION

Site éducatif du Smithsonian Institute pour les 8-16 ans : *www.kidscastle.si.edu*
Site éducatif de la Nasa Langley Research Center : *www.kidscorner.larc.nasa.gov*
Site de la classe du futur de la Nasa (COTF, Classroom of the Future) : *www.cotf.edu*

DIVERS

"Bad Astronomy" de la Nasa : *www.badastronomy.com*

REVUES [France]

Air & Cosmos (hebdomadaire) : *www.aerospacemedia.com*
La Recherche **:** *www.larecherche.fr*
Pour la Science **:** *www.pourlascience.com*
Science & Vie **:** *svmens@excelsior.fr*
Sciences et Avenir **:** *www.sciences-et-avenir.com*
Ciel & Espace (revue mensuelle éditée par l'Afa,
Association française d'astronomie) : *www.cieletespace.fr*

Pour obtenir des informations complémentaires :
www.loeb-innovation.fr/space

BIBLIOGRAPHIE

À la conquête de Mars Olivier de Goursac, *Larousse, 2000*
Apollo-11, The Nasa Mission Reports Volume One & Two
Robert Godwin, *Apogee Books / Collector's Guide Publishing Inc.*
Baïkonour, la porte des étoiles Société européenne de propulsion, *Armand Colin, 1994*
2001, le futur selon Kubrick Piers Bizony, *Cahiers du cinéma, 2000*
Dictionnaire de l'espace et de l'astronomie P. de La Cotardière et J.-P. Perrot, *Larousse, 1999*
La Conquête de l'espace Hubert Curien, *Ramses, 2000*
La Conquête spatiale Philippe Henarejos, *Gallimard Jeunesse / Octavius Aventure, 1999*
L'Âge des satellites Alain Dupas, *Hachette, 1997*
La Pollution de l'espace Isaac Asimov, *Flammarion / Bibliothèque de l'Univers, 1991*
Le Grand Livre de l'astronomie Ian Ridpath, *Princesse, 1978*
L'Entrée dans le XXIe siècle Thierry de Montbrial et Pierre Jacquet, *Dunod, 1999*
L'Heure de s'enivrer, l'Univers a-t-il un sens ? Hubert Reeves, *Seuil, 1986*
Life *in Space* Robert Grant Mason, *Time-Life Books Inc., 1983*
Orbit, Nasa Astronauts Photograph the Earth
Jay Apt, Michael Helfert and Justin Wilkinson, *The National Geographic Society, 1996*
Qu'est-ce que l'Univers ? Yves Michaud, *Université de tous les savoirs / Odile Jacob, 2001*
Science-Fiction Forrest J. Ackerman, *Evergreen / Benedikt Taschen, 1998*
Space Encyclopedia Heather Couper and Nigel Henbest, *Dorling Kindersley, 1999*
Star Quest, An Usborne Fantasy Adventure Andy Dixon, *Usborne Publishing, 1999*
To the Ends of the Universe, a Voyage Through Life, Space and Time
Heather Couper and Nigel Henbest, *Dorling Kindersley, 1998*
Une autre histoire de l'espace Alain Dupas, *Gallimard, 2000*
Une odyssée de l'espace, 1961-2001, quarante ans d'aventure humaine Serge Brunier, *Bordas, 2000*
20 Ans de révolutions Albert Ducrocq, *Société européenne de propulsion, 1989*

SOURCES ICONOGRAPHIQUES

Couverture : © Nasa/Ciel & Espace
2 © SPL/Cosmos **4** © Esa/Soho-Eit **6-7** © Nasa and the Hubble Heritage Team **8-9** © Nasa and the Hubble Heritage Team **10-11** © Nasa and the Hubble Heritage Team **12-13** © C.R. O'Dell/Nasa/Esa **14-15** © Nasa and the Hubble Heritage Team **19** © K. Lhemon **21** © Esa/P. Sebirot **26** © Tass **29** © Ria/Novosti **30** © J. Gazdar/Woodfin/Cosmos **33** © Nasa/SPL/Cosmos **34** © D. Parker/SPL/Cosmos **37** © D. Ducros/Cnes **39** © Nasa/SPL/Cosmos **40** © B. Dale/NGM **43** © AFP/NTV/EPA **44** © V. Habbick Visions/SPL/Cosmos **46** © Nasa/Woodfin Camp/Cosmos **49** © G. Moine/Science & Vie n° 988
51 © Esa/Nasa **52** © P. Motta/Université "La Sapienza", Rome/SPL/Cosmos **54** © E. Bokanowski
57 © S. Bensusen/SPL/Cosmos **58** © Nasa/SPL/Cosmos **61** © L. Bret/Ciel & Espace
63 © World Perspectives/Gamma **64** © Nasa/Esa **67** © L. Bret (infographie)
69 © spaceref.com/esa **71** © Nasa/Esa **72** © Nasa/SPL/Cosmos **74** © G. Cramailh
77 © Nasa/SPL/Cosmos **78** © Nasa/SPL/Cosmos **80** © Esa **83** © L. Bret (Ariane, infographie)
84 © Esa **87** © D. Ducros/Esa **88** © Cnes **91** © Nasa/SPL/Cosmos **92** © Nasa/SPL/Cosmos
95 © Courtesy Sea-Launch **97** © M. A. Garlick **98** © B. Brokken/AP Boomerang **107** © K. Keener/Matrix/Cosmos **111** © Wired **115** © Esa-Soho/Eit **119** © R. Gaillarde/Gamma **123** © Nasa/SPL/Cosmos **139** © Synaptek/SPL/Cosmos **142** © M. Novak **150** © I. Muñoz/Vu **152** © G. Cramailh
Infographies pages102 à 149 © Emilie Bokanowski.

Éditions Gallimard
Responsable partenariats : ***Franck Fertille***
Édition : ***Françoise Chabert***
Conception graphique : ***Anne Brézès***
Iconographie : ***Natalie Saint-Martin***
Révision : ***Rauda Jamis***

Les auteurs tiennent à remercier toute l'équipe ***& LOEB*** *pour son soutien dans la conception et l'élaboration de cet ouvrage et plus particulièrement :*
Émilie Bokanowski, *imagénieur, pour la réalisation des illustrations des douze stations orbitales ;* ***Édouard Dorier,*** *imagénieur, pour les recherches iconographiques ;* ***Geoffroy Cramailh,*** *designer, pour son aide dans la conceptualisation des douze stations orbitales ; ainsi que* ***David Raitt*** *(ESA), pour ses recherches Internet et bibliographiques.*

ISBN : 2-74-240865-7
Numéro d'édition : 04622
Dépôt légal : novembre 2001
Imprimé en Italie par Editoriale Lloyd
Photogravure : André Michel

« Main à main, à pas incertains et lents, ils prirent à travers Eden leur chemin solitaire. »

John Milton – *Le Paradis perdu*